U0006717

找到說服邏輯，讓你的價值被看見！

忘形流簡報思考術

作者——張忘形

時報出版

為什麼要學簡報？

如果你現在拿起這本書翻閱，應該是對簡報有點興趣吧？如果是這樣的話，我非常開心，因為上課的時候，常有很多人跟我說：

「老師你教這個沒用啦，我們平常又不簡報。」

「我平常很少報告欸，應該不用學吧？」

「PPT 就是用模板套一套就好啦！」

每當被問到這些問題時，我總想請大家想像一個情境：今天你的部門主管臨時要你等一下跟大老闆報告事情。時間不長，只要三分鐘，也不用投影片與任何資料。這時你開始緊張，覺得自己好像不能勝任。於是組裡的菜鳥弟弟自告奮勇，他說反正也才三分鐘，他準備一下就可以去了。你鬆了一口氣，暗暗感謝他伸出援手，便繼續處理你那堆積如山的案子。

後來你聽說菜鳥弟弟報告得很精彩，主管也把後續收尾處理得很完美，大老闆感到非常滿意。你覺得真是太好了，一切順利。

只是⋯⋯如果年底有個人事選拔案，當你的資料和那個菜鳥一起呈給大老闆的時候，你覺得誰更有可能晉升呢？

也許你平常做事很認真，他的年資比你低，資歷更沒有你好。但就是在那一次的會報中，他讓大老闆留下了深刻的印象，所以大老闆最後選了他。那並不只是給年輕人一個機會，而是因為：他做的事情被「看見」了。

我一直覺得，這不是個埋頭苦幹的時代，如果你有功績，那麼就要想辦法被別人看見，有好的東西，那麼就應該要想辦法拿出來行銷。而簡報，就是我們行銷自己的最好工具。

不過，如果你期望的是看完這本書之後，簡報就能突飛猛進，或是變成排版高手、圖像化達人，那麼即便在出版社編輯的憤怒和我存摺的哀號之下，我還是想請你放下這本書，因為真的不適合你，有更多其他簡報老師的書我想推薦給你。

而我之所以開始做簡報，是因為我一開始經營粉絲專頁時，我用的方式都是寫大量文字，希望能夠好好傳遞我想說的事物。但其實文字很難讓大家集中注意力，我也不斷苦思該怎麼做才能讓大家更願意閱讀。

後來有一次我到了機場，發現即便機場內的文字我都不太懂，我還是能夠輕易辨別場域和方向。原來是文字上面都有一個很可愛的圖示，能夠讓人看著圖就猜出意義。於是我問我的設計師朋友，這個東西可以怎麼製作。

我的朋友說其實這個叫做ICON或是扁平化圖示，很多人都有在使用，建議我可以直接上網找圖庫。找到圖庫後，我感到驚訝，原來有這麼多簡單卻又好懂的圖。我進一步的想，那麼我可以如何運用這些圖示來與大家對話呢？

後來，我想到了繪本，繪本裡通常沒有太多的文字說明，卻能夠讓人看著圖慢慢的走進故事之中。我馬上決定用這樣的方式來傳遞訊息，並把每一張投影片的資訊縮減到最小單位，並且用前後連貫的方式來說個好故事。

這就是大家現在看到的忘形流簡報了，我一開始不打算稱它為簡報，我覺得這像是「圖話」，藉由圖片和一句話，能夠讓讀者融入情境當中。而其中的重點，就是簡單。

沒想到這樣的方法，讓我的粉絲專頁從幾千人，默默的突破到了一萬，五萬，到現在的十二萬人，這真的讓我始料未及。也因為如此，我成為了簡報老師，和大家一起交流如何把簡報做得簡單、好懂、能被傳遞。

也很多人好奇，到底一句話配一張圖有什麼好學的，這個我自己弄一弄也會。是啊，其實這個形式沒什麼好學的，但要讓讀者進入情境，不是把字和圖加上去就好了，所以有很多人做一樣的事，但卻沒有什麼效果，因為他們沒有思考「和對方溝通的邏輯」。

很多同學的課程回饋都覺得自己好像不是上了簡報課，而是溝通課。沒錯，因為如果沒有做好和聽眾的連結，我們說的再多，也沒有辦法進入對方的心中，甚至連對方的耳中也進不了。

因此，看起來很容易的忘形流簡報，每一份可能都要花費我 2 小時以上，有些甚至要花上一整天，因為我得不斷思考，讀者會不會覺得太困難？大家看的時候有沒有共鳴？會不會扭曲我本來想傳達的意義？

所以我將這本書分成兩個部分，第一個部分想跟你分享我對於簡報的看

法，和你可以嘗試的劇情設定，以及一些好用的畫面設計。第二部分則是跟你分享忘形流——如何透過簡報來影響你的聽眾，讓你和聽眾站在一起。

裡面包含了簡報的心法、結構設計以及我常用的畫面安排等等。本來想用表格跟畫面塞滿全部，但後來也希望自己寫的書不無聊，並能在這個過程 中，帶給你一些小小的「啊哈」。這是在我們教室中我非常喜歡的詞，那是一種「頓悟」、「原來如此」、「瞬間啟發」的感受。

在這邊想感謝帶我進來教育訓練，並且和我互虧求進步的小虎老師。如果沒有你，我大概還不知道在哪裡。更感謝我的公司澄意文創，我在這裡遇到帶我領略溝通與聲音之美的周震宇老師，啟發我說故事和寫作的洪震宇老師，相信並不斷打磨我的馬可欣老師。也謝謝讓我簡報更上一層樓的BFA簡報，每次聊完後都會功力大開的林大班老師，總是能砥礪我更加進步的智鈞。當然，還有很多很多學習路上的前輩老師，你都會在這本書上看到他們的身影。因為這本書的內容都不是我的獨創，而是我不斷從前輩老師以及書上吸收的結果，因為有這麼多屬害的人，我才能從他們身邊學得一二。

最後超級感謝等我稿件等到都要放棄的編輯，這本書拖了一年半之久才完工，還有很多每天催我稿卻被我逃跑的朋友。而我最感謝的是常常聽著我鍵盤聲入睡，被我冷落的女神。

總之，我希望用有趣的方式，和你分享我對簡報的學習。真的很開心終於在忘形流公開班即將邁入二十期的時候，能用這本書與你分享我的簡報之道：「不只是講給對方聽，而是幫助對方更好的理解。」

忘形流——
在表象之外，找到更重要的思考關鍵

王永福・《上台的技術》《教學的技術》作者／頂尖企業簡報教練

　　如果您跟我一樣熱愛簡報，也關心簡報技巧相關的演變及進化，這幾年您可能會注意到一個趨勢。開始有許多簡報，以平面化、扁平化圖示，搭配一小段的文字說明，以不需要口語說明的微簡報方式，在網路上傳播。

　　純文字說明，大家不想看，當然傳播效果也不好；純圖示也許好看，只是說明的效果就有些薄弱；如果用圖示搭配文字。達到恰到好處的簡報說明效果，即使不需旁人說明，閱讀者也能自己看懂。這種簡單有效的簡報呈現手法，有人稱為扁平化、有人叫他懶人包，而這種本書的作者張忘形（張凱翔）老師，則把它稱之為忘形流。

　　最早我是從張老師的FB上，注意到他許多不同的作品，像是「不能坐的坐票」，用精簡的微簡報，呈現出讓座文化的困惑；還有跟天下文化合作的「經濟學的世界」，用2分鐘微簡報，讓大家快速了解經濟學這門深奧的理論，這些微簡報的效果都非常好！我身邊有不少朋友，也開始使用忘形流手法，去製作一些他們各自的專業主題簡報，後續在網路上傳播的效果也很棒。

您可能會想：是不是只要把原本的圖片，改成扁平化圖形，去除真實的形狀，這樣就是忘形流？如果您這麼想，那就真的把事情想得太簡單了！

　　因為簡報的終極目標，還是「說服」！圖示及簡報的呈現，只是視覺工具的一環！該如何打中目標聽眾的需求？如何設計簡報訴說的流程？如何訴諸情感及事實，最後才能達到您要的簡報目標？這些都是在表象之外，更重要的思考關鍵。就如同「忘形」這兩個字的意思，要忘掉表象，不被形狀所拘泥，朝向目標，直指核心。這才是忘形流簡報的終極目標啊！

　　很高興，又有一本用心的簡報書籍，提出不一樣的簡報洞見。雖然表現的手法不同，但最後的目標仍是相同。讓您未來可以透過簡報，完成您說服聽眾的終極效果！

　　我是福哥，很榮幸為大家推薦這本書！

忘其形、得其意、成其真的簡報藝術

周震宇 · 聲音訓練專家

　　三年多前，忘形老師因緣際會加盟了澄意文創，成為專任講師。不到三十歲的他，很勇敢的選擇了一份沒有固定薪水、也不知道能不能熬出頭的工作。身為前輩，我理解他的惶恐，也看出他是教育訓練界的一塊璞玉，常常與執行長（馬可欣老師）討論他的講師發展策略、開課計畫，並且與知名故事力、寫作課講師老洪（洪震宇老師）一起帶著他往講師之路邁進。

　　當時他已經以忘形流簡報在臉書上吸引了將近十萬粉絲，這些被瘋傳的黑白圖文簡報，充分呈現了忘形老師本人的特質：他既敏銳善感又擅長拆解分析，他能在感性面同理別人的痛苦、煩惱，同時又能在理性面進行問題的拆解分析之後，提出讓人豁然開朗的觀點，或者給出實用、接地氣的建議，所以能獲得廣大網友的喜愛。

　　這樣的簡報，太有他個人的風格了，於是他的第一個公開班課程就命名為【忘形流微簡報】，課程的精神就是「忘其形、得其意、成其真，輕鬆做出好服用的微簡報」，這個課程經過不斷打磨，目前已經開到第二十一期，三年多的實戰磨練，讓忘形老師有了很大的蛻變，使用各種方式傳遞知識，協助學員解決溝通、關係方面的問題，對他來說不再只是一份工作，而是使命和志業。

當這份書稿呈現在我面前時，我的感動大於欣慰，在簡報教學這個熱鬧非凡的領域裡，他赤手空拳闖出了屬於自己的一片天。這本書充滿忘形老師碎碎唸風格的陳述方式，讓人讀來備感安心，就像一位鄰家大哥哥用溫暖、有趣的方式在分享著關於簡報的思考要訣，讀者可以很流暢的理解每個章節的內容、很自然的記住重點、很輕鬆的用在自己的簡報任務之中。這既是一本工具書，也是一本故事書，它帶著我們重新看待簡報的功能、給我們簡報製作的思考工具，以許多能引起共鳴的故事與生活化的案例，帶領我們像打怪撿寶一樣得到許多關於簡報的「啊哈」！

如果你已經有點歷練，你會發現在忘形老師白話到不能再白話的文字裡，藏著他對人性深刻的理解與慈悲，他的文字如同他的簡報，永遠站在聽眾、讀者這一邊，不教訓、不命令、不強迫推銷，而是用一種「不簡單的簡單」在傳簡報的「道」，這個簡報之道，便是「忘其形、得其意、成其真」。簡報不一定要有投影片，有投影片也不一定要是設計師等級，簡報的形式千變萬化，所以不要拘泥於表象（忘其形）；簡報最重要的是聽眾能理解、能抓到簡報者所要表達的重點（得其意）；簡報還有一個值得追求的層次，就是「反璞歸真」。學習簡報的歷程跟人生很像，剛開始會依賴工具、套路，練久了之後，便會像金庸筆下獨孤求敗在劍塚中的留言：「不滯於物，草木竹石均可為劍。自此精修，漸進於無劍勝有劍之境。」掌握了簡報的真正精神，無論如何都能化繁為簡、破除框架、跳脫套路、就地取材，達到「反璞歸真」（成其真）的藝術境界。

想走到這樣的境界，需要大量的思考與練習，忘形老師的這本書是有效的簡報思路加速器，把這些淬鍊過的思維安裝在腦袋裡，忘其形、得其意、成其真的功力便不遠矣。

9

誠意簡報

林大班 · 簡報小聚共同發起人

　　認識忘形，我想談談在專業之外的發現——他的「澄意」與「誠意」。每次與忘形交流，總能感受到他透明清澈的求知慾，讓人們總是願意與他分享經驗。集結眾人的經驗和幾年的積累之後，再以忘形獨特卻易懂的邏輯收斂，就成為現在你手上的這本智慧。

　　一場具有影響力的簡報包含了三個元素：情緒、品格、邏輯，忘形的澄意和誠意，就是情緒和品格的展現，現在也邀請你，一同來感受書中的邏輯，三者匯聚後的成果。

先幫對方梳毛，再為自己理毛

洪震宇 · 作家／創業教學工作者

我的教學工作圍繞著故事力、提問力、寫作力與企劃力，都跟溝通表達，邏輯思考有關。

要如何運用簡單的說明，讓學員瞭解複雜的內容，還能有效活用呢？這應該是許多教學者最大的挑戰。

我最近在「觀點的力量」的三小時課程中，開場強調課程主題：「觀點力就是有獨特的觀察點，提出讓人印象深刻的見解。」

說起來很簡單，做起來可不容易，關鍵是要如何擁有讓人印象深刻的見解？

我秀了一張投影片，一隻貓幫忙舔另隻貓的毛，標題寫著：「先幫對方梳毛」。我說明，觀點力不是自說自話，先梳理他人的毛，才能理解他人的想法，這需要透過提問、傾聽與整理，釐清並瞭解他人的觀點，才能建立有效溝通。

接著秀第二張投影片，圖片是貓瞇著眼舔自己的毛，標題是「再為自己

理毛」。意思是透過自問自答的方式，建立自己的觀點，並確認邏輯是否清晰有條理，才能說服他人。

兩張圖，加上簡單的文字，讓學員快速理解，觀點力不是爭辯，而是有效說服，達到你的溝通目的。

接著我讓大家練習訪談，請大家在一分鐘之內，說出剛剛訪談的重點。學員們很認真整理，講了很多內容，但是過於零散，什麼都講了，我們卻幾乎都記不住。

因為沒有一個提綱挈領的方式，讓觀點站起來，導致都是平面鬆散的資訊，無法讓人印象深刻。

我提出金字塔的觀點表達架構，說明重點之後，讓學員重新整理訪談內容，他們真的在一分鐘之內說出清晰的觀點，也有重點可以支持這個觀點。

我舉個例子。一位學員無意間學習製作果醬，許多朋友試吃之後，非常喜愛，紛紛下訂，結果她的果醬越做越多，越賣越多，已經成為她的副業了，無意間變成人生的一部分。

小組畫出的金字塔，觀點是「為感謝而生的果醬」，支持的三個重點分別是，感謝老天，因為無意間認識一位果醬老師，開啟她製作果醬之路，第二是感謝自己，願意打開心胸，學習新的專業能力，第三是感謝客人，因為沒有大家的支持，也無法開創果醬事業。

因為果醬品牌是「悅好」，我幫忙調整觀點力，重新下個標題，「因為果醬，人生悅來悅好」，學員們非常感動，更覺得有趣又吸引人。

如果讀者看完這本《忘形流簡報思考術》，會發現「觀點的力量」這門課，就用了凱翔的「一二三」。一個觀點就是提出讓人印象深刻的見解，兩個面向是先幫對方梳毛，再為自己理毛，三個關鍵就是金字塔表達架構。

另外，我也用了比喻，將整理他人觀點、釐清自己觀點的道理，用動物梳毛的例子來連結，可以將觀念變成具有生動的畫面，黏住大家的記憶點。

凱翔是我說故事、提問力與寫作課的助教，也是優秀的徒弟，經常相互切磋討論，凱翔用了更生動簡單的方式，建立自己忘形流的觀點力。

讀完這本《忘形流簡報思考術》，等於凱翔幫我梳了毛，更確認我也是忘形流簡報的教徒。

CONTENTS

目錄

PART 1
簡報方法完全解密

Lesson 1
簡報通用心法

Lesson 2
簡報底層邏輯

Lesson 3
從生活中學簡報公式

PART

1

簡報方法完全解密

LESSON

1

簡報通用心法

01
簡報的定義

次我在上課的時候，總會問大家一個問題：「你覺得簡報到底是什麼呢？」

答案非常非常多，有些人會說是PPT啊，有些人會說是一場好的演講，有些人會說是去提案。我還聽過是一個好表演，一場幽默的秀，一次美好的體驗等等。

這些答案都很好，我也希望正在看書的你可以先想一下你認為的答案，並且在閱讀這本書的時候不斷和這個答案對話。畢竟我希望這本書不是給你正確答案，而是能成為給你不同的刺激，或是陪伴你思考的過程。

我自己的答案是這樣的：「**我認為簡報是一條傳輸線。**」

你可能會傻眼，傳輸線是什麼意思？我覺得傳輸線很有趣，它雖然只是把手機連接到電腦或是插頭上，讓手機可以充電或傳資料，但卻是無比重要的配件。在簡報過程中，我們就像是插頭或是電腦，手機就像聽眾，當要輸出電力或資料給手機時，簡報就是這一條傳輸線。

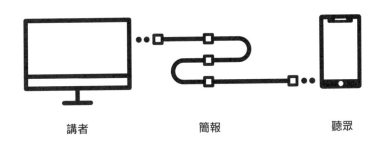

講者   簡報   聽眾

21

用這個概念，就很好明白為什麼每個簡報和過程都不一樣，不能以一應百。因為當遇到的情況不一樣，我們就得略做調整。舉例來說，蘋果手機的傳輸線不但不能給安卓系統使用，甚至和蘋果舊型號的手機也不能互通，不同的情況要使用不同的規格，才能有效傳遞。

但我們到底要傳遞什麼呢？這邊以一個日常會用到簡報的小情境為例：我晚上要參加一個好朋友的生日，席間會喝兩杯，我要怎麼跟我家女神開口呢？這件事很容易，我馬上想到三種說明的方案：

1 **直接傳達法**：我晚上要去喝酒，晚點回家。

2 **來龍去脈法**：因為晚上我的好朋友小虎老師生日，我們決定要幫他好好
  慶祝一番，我們約在某某酒吧，所以可能會喝點酒再回來喔！

3 **輕描淡寫法**：我晚上要幫小虎老師慶生，可能會晚點回來喔！

好的，那我到底要怎麼說出這件事情才好？你有沒有其他的方法呢？

其實這題根本沒有標準答案，而是依照當時要參與聚會的成員不同、地點不同，甚至女朋友的心情不同，都可能會有不同的說明方式。因為重點是要達到「我可以出門喝酒，而她能夠放心」的結果，所以要視情況採取最合適的說明。

簡單的說，**簡報是因為有一件事情要做，所以我們要傳達這件事情給另一個人，最終要達到某個我們預期的目標。**

我非常崇拜的簡報前輩王永福老師說，簡報的目的就是為了說服聽眾。所以我借福哥的概念延伸一下，簡報對我來說，是整個體驗的總和。而在這個體驗中必須要導向聽眾支持我們，進而被我們說服。因此我認為簡報由這幾個部件組成：

1. **要達到的目標**
2. **要傳遞的訊息**
3. **傳遞者的詮釋**
4. **接收者的理解**
5. **雙方達到共識**

有了以上理解後，你會發現簡報其實就是一個傳達、說服、溝通的合體。所以當很多人問「到底什麼是一場好的簡報？」從形式上來說，我沒有辦法告訴你什麼是好的簡報，因為只要能達到目標，就是好簡報。

也因此大多數人遇到的簡報難點，就在於怎麼把過程中的每一個環節都

預想到。如果沒有想清楚就講，就像是傳輸線兩端輸出的那一方找不到檔案；如果傳達的方式不好，那就像是傳輸線壞了；而更糟糕的是設定錯誤聽眾取向，或是講的內容不合主題，這就像是買錯線，規格不合的傳輸線絕對無法插接上去的。

我們依照不同的對象、內容、目標，來決定簡報的走向，只要你能夠藉由傳遞的過程達到目標，就是一個好簡報。有次我參加扶輪社的一場演講，講者拿起麥克風後，開始敘述他是怎麼樣投入反毒，鉅細靡遺的講解他跟一個毒梟將軍的對話，整個場面充滿緊張和一觸即發的感覺，彷彿我們就在現場。後來提到他因為投入了太多而因此與妻子離婚，連親子關係都不睦，甚至說服媽媽拿出養老金幫助當地造橋鋪路等等。最後演講完，他帶來了當地孩子做的一些畫，一些卡片，希望大家可以幫幫忙。

23

很多人都覺得演講要精彩，就要有穩健的台風、具巧思的投影片編排、說話有抑揚頓挫等等。但這場演講的半小時內，他就只是把遭遇的故事講了一遍。如果我們用各種簡報標準來評分，整個過程中沒有半張投影片，沒有任何圖表照片，沒有大的肢體語言，沒有誇張起伏的聲線，就只是講話。

然而，這場各種「沒有」的演講結束後，現場大家鼓掌叫好，很多社友不但願意資助他，還留下深刻的印象，這難道不是一場好的募資簡報嗎？所以簡報就像一條傳輸線，不一定是又貴又華麗，重要的是如何把自己和聽眾連結起來。

簡報三個說服環節：你是誰、情感、資訊

看到這裡，很多人可能會說，喔～我懂了，簡報就是要說故事，訴求情感。於是，大家做的簡報就是字不如表，表不如圖，圖不如影片。我本來也一直這樣認為，直到我看了郭台銘郭董某次的臨時股東會簡報，才發現我想錯了。

他跟股東們報告他的戰略和走向，不但投影片上密密麻麻都是字，而且幾乎沒有換頁，一頁到底。而他說這份簡報講了五年，目標也從來沒有變過。你可能覺得這不是一場好的簡報，但現場沒有人睡覺，都拿起手機，相機拍照，甚至猛寫筆記。

你可能會說，因為他是郭董啊，所以當然他說什麼事情都會有人聽。像我們就人微言輕，只好用更多方法吸引聽眾啊。

沒錯，正是因為他是郭董，所以他講的話很多人聽，那麼我們就可以歸納出簡報的三件事情：你是誰、情感、資訊。

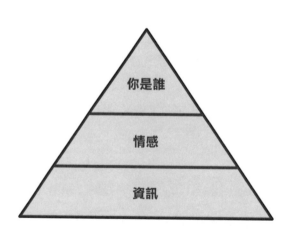

　　這是我心中的簡報說服環節。郭董所在的就是最頂端的地方，所以他無論說什麼，都會有很多人聽。另一個案例就是很多人崇拜的前蘋果CEO賈伯斯，他每次的發布會都會讓大家驚奇連連。於是很多人就爭相模仿賈伯斯的簡報方式，但你真的有看到第二個賈伯斯出現嗎？（如果有，請你趕快錄下來給忘形。）

　　我每次看到這種的簡報者，都會心生厭惡。因為他們常常沒搞懂賈伯斯為什麼要停下來，於是他們也學習了賈伯斯常常有的停頓。但賈伯斯的停頓是為了鋪陳一次又一次的驚喜，以及讓聽眾專注接下來的重頭戲。更重要的是，聽眾可以趁這時候用力鼓掌。但如果你跟忘形一樣沒有名氣，聽眾也不認識你，不要說拍手了，連讓他們想專注聽都很難。

　　所以「你是誰」這件事情被我放在簡報的最頂端，也是最難達到的事情。當你不是那個誰的時候，不要想用大師的方法說話，大師一個微笑，一個眨眼都可以讓現場沸騰，但我們微笑眨眼只會換來尷尬。因為他們能創造信念，但我們不行。不過，總不能因為這樣就放棄治療，我們還是可以好好的處理好下面的兩個說服傳遞，一個是情感，一個是資訊。

　　還記得剛剛說到的反毒講者嗎？那位講者就傳遞了情感。對我們來說，他只是說了他的生命故事，並不是什麼有用的資訊，但他卻透過了情感，讓我們願意資助他。所以能夠創造情感，就有機會創造行動，如何勾起聽眾的情感，是這個金字塔的第二層。

　　最後講的是資訊，簡單來說就是你有沒有消化過這些東西。即便沒有情感，能夠一講完就讓你明白的，也依然是好講者。好講者會讓你想拍下每一張投影片，而且專注聽他的內容。不過，我們常見的傳遞資訊情形是，

有許多講者會將所有他要說的資訊放在投影片上，接著開始慢慢念。我這時都好希望他直接把資料讓我帶回家，或事前發給我，我當場來互動問題就好。（我甚至想，說不定講者放錄音帶對嘴還比較自在，至少他還能夠把眼睛投向觀眾，而不是只看著投影片念稿。）

資訊構成了簡報的最底層，也是傳遞中最基礎的事物，讓聽眾藉由我們對資訊的詮釋來更了解一件事情，但如果複製貼上，照著稿念，對於資訊的傳遞不但沒有幫助，還會讓聽眾產生煩躁感。

所以，**我認為對聽眾來說，簡報的成功與否應來自三件事：你是誰、你的情感能不能感動到我、你的資訊有沒有用。**這本書沒辦法馬上幫你達成你是誰，我只能和你一起梳理和整理資訊的邏輯，以及分享故事中能帶來情感的環節。

而我相信，經過不斷的練習後，我們都可以從平凡成為非凡。只是成為非凡也是件不容易的事，例如我常常自我感覺良好，覺得大家應該知道忘形是誰。但其實每一次自我介紹，大家都沒什麼反應。直到我打開簡報的那一刻，大家會忽然說「你就是做這個簡報的本人喔」，總讓我覺得又好笑又難過。

大概就像我家女神常跟我說的，我就是個歌紅人不紅的歌手吧。所以要成為那個誰，真的不容易，但我們可以專注在自己的傳達，讓自己越來越好。

>> **思考題**

1 如果你要傳遞一件事，那麼你覺得怎麼樣才是有效資訊？

2 你覺得一個故事好不好聽，關鍵的因素有那些？

3 如果你想成為「某個誰」，你希望大家用哪三個標籤形容你？

02
以終為始：
方向不對，努力白費

很多同學都有這個經驗：被交辦了一個簡報的任務,接著準備了好些日子,甚至還要熬夜早起準備。終於到了報告的那天,上台時卻講得零零落落,講完後還被主管或客戶說:這不是我要的,你幹嘛準備這個?每次聽到這個情景,我都覺得滿替他難過的。明明這麼認真準備,為什麼就是沒有打中對方要的點呢?

我上課的時候常問學生一個問題（請正在看書的你也一起回答）:
如果你今天要去一個地方,選項有飛機、高鐵、火車、汽車、機車與走路,你會選擇什麼交通工具呢?

課堂上同學們會快速依照我所提問的選項指令舉手,通常是飛機和高鐵最多,你的答案是什麼呢?再想一想,是不是覺得哪裡怪怪啊,應該要先問要去哪個地方才對吧?是的,我每次在同學們舉手完就會說,其實我們

要去的是巷口的7-11，最快的方法其實是走路。那為什麼大家都會先選擇飛機跟高鐵呢？因為在我們的印象中，這是相對快的交通工具。

簡報的盲點就在這邊，我們常常覺得簡報有一個（我們心中自個想的）模樣，於是就會努力的往「那個模樣」去準備，大家進入了找資料的環節，卻沒有去細想「我究竟為了什麼而簡報」。於是，我常常看到很多人在報告中呈現很多資訊圖表、詳細的資料與引用，但卻被聽眾認為非常無聊，甚至不知所云。

其實最重要的是我們要去思考：我要達到什麼目標？對方聽完我的簡報後要做什麼？這就是簡報的第一個心法——**以終為始**，如果一個簡報中沒有一個明確的目標，那就是一場失敗的簡報。

29

目標這件事不只體現在簡報上，生活中也很多例子。假設我帶我女朋友出去約會，我規劃了很多行程，每個行程都有必吃必玩的點。而我在路上不斷的思考和規劃下一個地方的走法，沒時間跟她講話，到了景點後就在趕行程，當她跟我說她有點累的時候，我卻跟她說我們還有很多點還沒玩到欸。你覺得她在這個過程中是很享受，還是很難過呢？

如果是這樣的約會，她應該會直接揍我一頓，因為出來玩的目的是要放鬆心情，要兩個人開心，出來玩只是為了達成這些目的的工具，而不是目的本身。

回到簡報來說，簡報只是讓我們達到目的的一種方法，而不是目的本身。這其中還有一個重點，那就是理解簡報的主要和次要目標。

有一次我去上Alex老師《一談就贏》的談判課,我跟同學分別扮演房東和房客。我們談判的氣氛很好,但最後卻沒有談成。因為我們兩個人都很在意彼此的關係,也在意價錢到底能不能更高／更低。其實我們都忽略了,目的應該是把房子出租／租下來,但我們卻花了太多時間在討價還價上。明明兩邊都是已經可以接受的條件了,但我們一直想要再多凹一點,反而最後兩邊都沒有達成。

簡報也是一樣,我發現很多人常常一開始做簡報就去找模板,找圖片,找資料。花費大量時間後,做出一個外觀真的很美,但內容不是大量文字的複製貼上,就是非常空洞或邏輯不對,這就是主要目標和次要目標設定的錯誤。

有效果的簡報:滿足聽眾的三大需求

針對不同類型、不同屬性的簡報,我們一開始思考的目標就不同,會產生不同的概念,甚至要給予不同的好處,才可能達到簡報的目的。

所謂的好處,即是滿足聽眾的需要,需要被滿足的好處不只是錢而已,我個人認為,簡報是否產生好的效果,關乎於滿足聽眾的這三大項:

1 利益
2 意義
3 情感

先說利益,這是跟自身或合作夥伴比較相關的,例如新產品能夠有什麼

發展？市場多大？能帶來多少營收等等。如果是跟個人有關，也可以是自我的提升，或是用了這個產品能帶來什麼好處等等。

我對意義的定義比較公益，相對來說是跟全人類相關的。例如環保議題不會帶來立即的利益，卻是全人類共同關注的事，或是為偏鄉兒童募資等等，這就是意義。而情感比較是屬於用情感打動你的，例如家人、偶像、品牌、宗教等等。

這三者比較難分的是意義和情感，我的定義是，情感是渴望關係的，而意義只是希望對方變好。例如你資助家扶中心但可能不會去看望那個孩子，但如果你資助好朋友就是為了情義相挺。

特別要說的是，當你理解這三件事情後，你就會看懂為什麼對方能夠輕易說服你，如果同時照顧到了人的這三個需求，那麼這簡報一定是成功的。即便只是滿足兩個需求，也很容易脫穎而出了。但如果你一個點都沒有打到，那麼就很容易失敗。

♡ 簡報導航：目標行動檢核表

那麼，我們到底要怎麼設定目標呢？如果我說只要專注心法，你之後必成大師，你大概會恨我一輩子。所以接下來分享一個檢核表，是我參考很多大師和前輩大老做出來的導航系統。

導航的概念大家應該都很熟悉，只要你輸入目標，導航就會計算出你的距離和路徑。不過很可惜的是，在簡報的世界中，我們必須要自己思考，

但我個人的感覺是，當目標非常明確，做簡報的時候就不容易歪掉。

這張檢核表長成這樣：

簡報類型						
賣	□提案募資 □銷售產品	說	□提出觀點 □溝通說服	教	□教育訓練 □學術研討	報	□常務會議 □事物說明

利益：	意義：	情感：

目標確認

簡報時，我希望解決/滿足_____(聽眾)的_____(問題or願景)

希望設定的情緒是_____，改變的思維是_____。

後續行動

簡報後，我希望_____(聽眾)能夠了解_____(關鍵)

希望產生的行動是_____，成果為_____。

　　表格上層是簡報的屬性，我大概簡單分類出四種屬性，分別是**銷售類**、**表達類**、**教育類**、**報告類**。

　　1 **銷售類**的概念非常簡單，就是把產品賣給客戶（所以提案和募資簡報也放在銷售類）。主要是怎麼樣打動對方，讓對方心甘情願的支持你。因此銷售類著重的可能會是怎麼樣為對方帶來利益，其次才是意義和情感。

　　2 **表達類**的著重在經驗分享，給予新的啟發，甚至達到說服對方的效果。例如大家都耳熟能詳的TED、一般的講座、甚至選舉造勢活動等等。表達

類更重視的會是意義和情感，利益可能不是最優先的考量。

3 教育訓練類就比較難說，如果我們要著重的是技能教育，那麼利益就很重要了，要告訴他們如何可以學得會，或是學會的好處。如果是觀念上的教育，那就要注重意義和情感。而如果是學術研討的，可能就要想想聽眾要聽的是新知？是你的研究成果？還是走一個過場？遇到這類型簡報，大家需要多思考設想。

4 報告類，基本上我認為報告類需要滿足聽眾的好處，都要從利益出發。很多人說，報告就報告啊，哪來的意義可言？其實做報告類簡報時，我們給的都是資料，但只給資料是不夠的，重點是這個資料可以給聽眾做什麼，或是讓聽眾知道下一步要怎麼走。

所以檢核表中層的「**目標確認**」就是要解決這些問題，在這邊我給你一句話：

簡報時，我希望解決／滿足_____（聽眾）的_____（問題 or 願景）
希望設定的情緒是_____，改變的思維是_____。

這句話有四個空格，容我囉嗦的再介紹一下。第一個空格是聽眾，也許你會說聽眾不就是所有人嗎？那就錯了，今天如果是在公司會報，重要的聽眾也許只是你的主管，而如果今天是在銷售現場，你就要想誰會買你的東西。

此時你可以幫自己設定一個情緒，例如我要給予他的問題是憤怒？還是悲傷？

33

舉例來說，在**做教育訓練的我**可能會這樣寫：

簡報時，我希望解決上班族　不會做投影片的問題。

希望設定的情緒是焦慮，改變的思維是投影片好像很難。

當這句話成形後，我在思考案例時，就會往這個方向著手，問題會變得簡單不少。

而如果是面對銷售，在**旅行社上班的我**也許會這麼寫：

簡報時，我希望解決主辦人（福委）　跟同仁解釋行程的問題

希望設定的情緒是苦惱，改變的思維是台灣都去過了。

於是我在提供行程的時候，就會給一些平常自己根本沒去過或是沒聽過的地方，讓主辦人在看到行程的時候，不用再苦惱怎麼樣向同仁解釋行程好像不有趣。

最後是結尾的**「後續行動」**，每一個簡報最重要的都不只是過程，更重要的是你在對方心中留下什麼，又讓他發起什麼行動。所以我給了你這句：

簡報後，我希望_____（聽眾）能夠了解_____（關鍵），

希望產生的行動是_____，成果為_____。

一樣用剛剛的例子，在**教育訓練的我**會這麼寫：

簡報後，我希望同學能夠了解投影片很簡單，

希望產生的行動是願意開始做，成果是在兩小時內就可以做完投影片。

而在**旅行社上班的我**則會這麼寫：

簡報後，我希望主辦人能夠了解我們旅行社的行程很特別，

希望產生的行動是用我們的提案，成果為每人利潤X元。

這張檢核表能幫助你思考簡報時以終為始，從最終目標開始回推，並試著思考這個目標與聽眾的連結。

>> **思考題**

1 試著分析你的最近聽的一次簡報，對方的目標是什麼？

2 你認為對方達到目的了嗎，無論有還是沒有，為什麼呢？

3 試著用這張檢核表準備你的下次簡報。

03
聽眾為王：
簡報是為了聽眾，而不是講者

在 上一個心法中，我講了簡報的設定目標，也就是「以終為始」。但很多人即便設定了目標，簡報卻還是無法打動人，這又是為什麼呢？

這邊先問你一個問題：如果你有一萬元的預算，要送給你重視的人一個禮物，你會挑最新款的遊戲機，還是人氣最高的吹風機呢？

如果是在課堂上，大家因為剛剛的交通工具題被我騙了一次，所以會馬上問說要送誰？是男是女？打不打電動？沒錯，如果你要送的人根本不打電動，那麼送一台遊戲機，對方反而覺得困擾，甚至生氣。

想想，當我帶著一台新的電動跑去我女神家說：寶貝，我知道妳生日了。送妳一台最新的遊戲機，它不但支援多人連線，還有VR功能，保證讓妳玩得開心。

但是我女朋友完全不打電動，你說她會揍我還是抱我？答案其實是「揍爆我」。好啦，對不起不好笑。我只是想說這個禮物不但不會帶來開心，反而會被認為是我不用心，最後帶來困擾。

但反過來說，如果我女朋友送我一台高檔吹風機，我也不會理解那個價值，反而會問這個到底貴在哪裡，明明一台一千元內的也可以解決，幹嘛買個快一萬的。

這時候應該會換成我家女神吐血，這台可是台灣沒有，大家都要找代購才買得到，她可是跑去日本排隊，經歷了人擠人的過程才帶回來的。結果大家都搶著要的吹風機居然被我嫌東嫌西，你說她會不會吐血。

現在，你應該能夠理解我和我家女神在意的點了。同樣的錢，我更願意買一台遊戲機，而她則是會投資在吹風機，這並不是這兩件商品的好與壞，而是取決於我們各自的主觀。

聽眾為王的心法是來自BFA簡報中大班和楊陽兩位老師常說的：「簡報就是送禮」。每次參加他們的簡報小聚，我總是不斷的被複習這個概念。簡報重要的其實並不是我覺得這內容好不好，而是聽眾覺得你的內容好不好。

我也常遇到在台上盡情展現自我，卻不管台下的聽眾懂不懂，能不能接收的情況。他們可能花很多時間自我介紹，自吹自擂，而這總讓我腦袋炸裂。

不說別人，就拿我自己當例子，我以前常在上課的時候，很認真的把我覺得重要的資訊說完。有些人給的回饋是，希望多一點活動，讓課程更有趣，不然上完課很累，但也有人說這樣很紮實，很好。

因此有一個認知是很重要的：既然我們沒辦法取悅所有人，但至少我們要能讓大多數的人滿意。在簡報前，我們可以先理解大多數的聽眾是誰，他們的目標是什麼，接著和目標比對之後，才開始準備內容。

也有人會說，我這次要說的內容是制式的、固定的，那我不就完蛋了嗎？那麼在這邊，我們就要學習禮物的另一個特性：包裝。

舉例來說，就算都是課程，當我到企業上課時，我談的溝通案例是提案，與老闆報告時的表達，或是解決主管與下屬的矛盾等等。但在學校講課時，我提的案例則是遊戲內的衝突，與社團目標的整合，或是怎麼樣和男女朋友溝通。

甚至有一次我跟一群退休後的志工講課，整堂課都在講子女不說話都是正常的啦，我跟我爸媽也是很少說話，但我們透過什麼方法維持感情等等。其實我講的核心理論和概念是一樣的，只是角色和場景改變了。

所以說，簡報就像是送禮一般，從對方想要聽的內容開始準備。如果真的沒有辦法，也可以用對方熟悉的案例來包裝，甚至運用一些小巧思，讓對方感受到這份簡報彷彿為他而生。

舉例來說，我在上課前會先問對方遇到什麼問題，而當我在課堂上說出案例和場景時，對方會覺得老師真的有根據我們的需求來做準備。或是上課時同學提問後，我就會把他的問題打在投影幕上，針對這個問題慢慢分析並回答。

當然，如果不是教育訓練或是能夠常常互動的場景，我們還是能思考一

下現場的朋友重視什麼，能不能在開場前先找到一兩位朋友聊天，或先問問主辦單位現場的資料，或邀請一位你看到今天很認真的聽眾上來對談。

當我們是以聽眾的角度為出發點，說出他們的需求，並包裝成他們能接受的樣子，這樣切合他們的簡報，當然就會是好簡報了。而聽眾的需求其實和他們的生活環環相扣，所以我想提供你一張可以嘗試看看的「**聽眾履歷表**」。

聽眾履歷	年齡區間		職業角色	
	性別比例		背景知識	
個性		生活		話題	
渴望(夢)		擔心(痛)		可能疑問	
簡報呈現				
專業度	理性(論點資訊)		感性(意願共鳴)	
□專業 □理解	□結果：＿＿＿＿ □細節：＿＿＿＿		□故事：＿＿＿＿ □笑點：＿＿＿＿	

我想理解這張表應該不難，你可以把它分成兩部分來思考。以簡報呈現那個欄位來分割，上半部是對於聽眾的資料收集，下半部則是聽眾在意的簡報方式。接著我們逐格解說。

　　首先年齡是第一件事。年齡可能代表著文化、語言，甚至對於簡報概念的差異。我曾經用我的「忘形流」簡報去上課，被長輩說偷懶，因為對長輩而言，簡報就應該是要有足夠的資料，一張圖一張圖的根本沒東西。（笑）

　　所以知道年齡後，你可以先想像一下對方的模樣，再思考對方在意的點。

　　接著是職業和角色，職業是指他的工作，例如老師、業務、工程師等等。而角色可能會是老闆、主管、下屬，甚至是爸媽、小孩等等。

　　再來你可以想像對方的個性，可能他們比較嚴謹嗎？比較活潑嗎？面對比較嚴謹的朋友，我們是不是要準備更多的資料，而面對比較活潑的聽眾，我們要不要準備多一些笑話呢？還是遇到比較不耐煩的主管們，我們是不是該速戰速決，但面對好奇心強的同學，我是不是該多說一些？

　　再來是生活。如果對方每天都埋首在工作之中，我們是不是可以多提一些職場的例子。但如果對方是一群每天都在下午茶的貴婦，那我們的開場要不要藉由某一間下午茶店的故事開始呢？

　　藉由剛剛提到的所有資訊，我們就可以想像出對方可能對什麼話題感興趣。我曾經去大學講溝通，談「為什麼你的隊友不聽你說話」這題目，本來大家覺得又是一場演講，但我用手機的競技遊戲傳說對決當例子，才一說出口，就看到很多人活了過來。

　　到這裡，聽眾履歷也寫了一半，你大概能勾勒出對方的樣子了。接著要開始思考聽眾最重要的兩件事：**痛和夢**。對我來說，夢就是他渴望或想達到的目標，例如加薪。而痛就是擔憂或想避免的，例如被老闆責罵。

以推廣簡報課來舉例，「夢」除了寫提升簡報能力外，我還會加上一些細節。例如提升簡報的結構能力。或是你要去簡報的人可能正在找工作，也許我就會說寫上找到年薪○○萬的工作。當然，痛的這點也是，你可以寫上不會因為聽不懂交辦事物而被老闆責罵。

接下來可以思考對方會提出什麼疑問，或是對於你的主題有什麼樣的好奇。舉例來說，可能我們教室的聲音課實在比較特別，所以老師們通常下課後都會被抓著問問題。但慢慢的我們就能了解，大家共同想解決的問題是什麼，未來就能在上課時提出，讓現場參與課程的朋友們瞬間安心。

有了以上的想像後，我們終於要來思考這張聽眾履歷表跟簡報的關聯了。首先藉由剛剛的資訊來看，我們要簡報的聽眾背景跟我們一致嗎？如果背景都相同，我們當然就是認真的表現專業面，但如果大家跟我們是不同專長，那當然是先讓對方理解為主。

我有個學生是醫師，他想要講過勞。於是他上台跟同學分享，但他是從過勞的反應、診斷、好發期開始說，就發現同學的眼神開始渙散。後來我告訴他，其實大家只是想要理解，而不是要聽所有的專業知識。所以後來他就只說會有什麼症狀、該怎麼辦，你就看到很多同學發現自己或是家人有這個傾向，超認真的做筆記。

最下面的兩欄簡單分成理性和感性，你可以自行調配比例。舉例來說，你今天如果在公司做簡報，那可能根本不需要什麼感性元素。但如果你是上台對一般人演講兩小時，你也不可能全部都講資訊。

所以針對聽眾的不同，這裡提供四個選項給你：**結果／細節、故事／笑**

點。如果對方很容易不耐煩，記得要先講結果。但現場當然也有要看數據資料的，那就多給一些資訊圖表等細節。而如果想跟現場的朋友建立更多連結，就針對他們的需求準備故事或笑話，能夠讓大家對你的印象更深刻。

好的，說到這裡你有沒有覺得頭很痛，尤其你可能會說：忘形，萬一現場有很多人都是不一樣背景特質的話，該怎麼辦？沒關係，這有三種可能，一種是你超大咖，所以大家都搶著來聽你演講，那其實你隨便講都很好。另一種可能是你的主題很吸引人，那你就正常發揮就好。

不過第三種可能，是最可怕的，就是來的人可能是非自願的，或也不知道為什麼來的人，我把他們叫做意願比較低的朋友。如果是這樣，故事和笑話就要多準備一些，因為他們本身的目的性就不強烈，但如果他們足夠喜歡你，你簡報什麼就不是問題了。

>> **思考題**

1 聽眾履歷表的所有設計主要想提醒你簡報是「聽眾為王」，希望這張表能夠給你一些靈感和助力。試著用這張表來分析你下次簡報的聽眾，如果沒有，分析上次的簡報也行。如果可以，請你找到那個聽眾，問問他對於你評估的內容，相信你會和我一樣，不斷從嘗試中找到好的答案。

2 而如果你沒有簡報，你可以試試看這樣做：分析一下你自己在聽眾履歷上長的模樣？想想那些你很喜歡的簡報或演講，是哪邊打到了你，符合上面的概念嗎？假想下次的簡報情境，開始分析聽眾吧！

04
知己知彼：
簡報的順暢，來自對限制的理解

這 是簡報三心法的最後一個，我一樣先從一個問題開始。假設你是個上班族，好不容易放了假，要出國玩，請問你會做什麼事情呢？是先上網看行程，還是去找旅行社呢？

有了前兩次經驗，你大概知道答案依然不在題目上面，這題的答案就是：**「我們得先看自己有多少假可以請，還有多少錢可以花。」**

是不是很合理呢？去哪裡玩都不是重點，而是由你可以請的假和預算來決定的。如果你想去歐洲玩，你的錢和假都要非常多才會盡興。所以如果你只放五天假，也許你只會考慮香港或日本。

簡報的概念也是一樣的，我們得先理解自我和對方的限制，你才好開始準備簡報。我舉個例子，如果今天是要去競標一個案子，最基礎的就是要

先理解這個標案的規則。我在旅行社工作時，曾經有個同事沒看清楚標案規則，客戶在需求表上有清楚備註要有兩間飯店備選，結果同事只提出了一間。即便大家都覺得他的規劃很不錯，但不符合規定就是直接出局，連後續的介紹都不用說。

當然除了規則，時間也是非常重要的一個因素。我曾經看過有人在一個二十分鐘的分享中，準備了三百多頁的投影片。當他介紹完他自己與公司就花了十五分鐘，而那時候投影片只秀到第四頁。後來基本上就是五秒一張投影片，他說的就只有：「這是我們經營理念」，「這是工廠」，「這是員工午餐」。

我想他倒不如準備十頁投影片就好，前面四頁依然介紹自己，後面就說個小故事結束，也遠比幾秒跑一頁沒重點也沒記憶點的投影片來得好。會有這種結果，原因其實就是他拿一個他曾經講過兩小時的投影片來講，沒有任何修改，他覺得反正就只是分享，但我的感覺是他並沒有尊重現場的聽眾。

雖然我自己的公開班也常超時，但如果是演講或企業內訓，尤其參加那種好幾位講師排在同一天的，我絕對會練習好幾次，寧願讓自己提早結束，也絕不超時。

除了規則與時間，還有現場的空間與器材也關乎簡報是否能流暢進行。我想給十個人看的投影片，很難給五百人，甚至一百人看，因為給十個人看的投影片，你可以在上面附很多解說和文字，甚至再加兩三張照片。但如果現場有一百人，你可能就只能放一張非常大的照片，加上幾個大字來呈現核心內容，因為當聽眾看不見你的投影片，你放在上面的資訊就是白

搭。所以越大場的演講，通常投影片上的字就越少，甚至只有幾張圖而已。

這邊提供一個簡單的作法，以一般視力1.0為例，如果是給五十人以下的投影片，你只要在你的電腦上看得舒服就好。而如果是五十至一百五十人，建議你可以離開你的電腦螢幕大概一公尺遠，約莫三五步的位置看看。而超過一百五十人，甚至五百人怎麼辦？這時候建議你把投影片傳到六吋以下的手機，用手拿到最遠，如果還看得到，那就沒問題啦。

這個心法就叫做**知己知彼**。我們考慮了雙方目標後，接著要思考所有資源帶來的限制。所以就像開頭說的，簡報像是一趟旅程，限制會決定我們的旅遊規劃，另外，我們還要注意一件事情：意外。

再好的準備，都還是會有意外發生，不過意外其實也是可以事先準備的。舉例來說，如果我知道我常常有忘詞的習慣，那麼我能不能準備手卡，提示自己需要講的每一個關鍵字？又或是當現場被別人打斷時，我能夠怎麼回應？

更重要的是，意外可以被製造。

我以前做報告的時候，就常常會猜想教授希望看到我們準備哪些內容。於是在我準備的內容中，總會安排一個重要的關鍵點只用幾句話帶過。當報告結束，教授的提問通常會抓這個地方，來測試你是不是準備不足。

然而，這個地方絕對是我準備最充足的，我會準備一個即便沒有投影片，我也能講得超棒的片段。這麼做，不但不會占用你的報告時間，而且還可以打消教授問下一個問題的念頭，因為他會覺得你是有備而來的。

不過提醒一下，同一招不要常用，我就曾被一個教授抓包，說凱翔你這邊是故意的吧，我就偏不問。雖然這也是一個好的效果，但這次的分數就一定沒有上次驚艷了。

那麼，對方如果沒有提問題怎麼辦？這時候請做球給自己，當提問時間沒人問時，你可以主動跟對方說，剛剛有個地方我覺得我沒說清楚，我能有補充的機會嗎？通常大家都不會為難你，會讓你補充的。

不過要記得，這個方案只能用在學校和面試，當你在職場上簡報時，沒事千萬不要留個空，通常對方是不會給你任何機會的。

簡報這趟旅程，我們得了解目標、了解對方、了解限制，而當了解這一切時，你的簡報一定精彩。一樣提供給你一個我的**簡報限制檢核表**：

人	聽眾參與意願：＿＿＿＿＿，知識水平：＿＿＿＿＿
事	簡報中的特別規劃：＿＿＿＿＿
時	事前準備的時間：＿＿＿＿＿　簡報中可用的時間：＿＿＿＿＿
地	現場的空間：＿＿＿＿＿　你與聽眾的距離：＿＿＿＿＿
物	你會需要的現場器材：＿＿＿＿＿
意外	可能會發生什麼事情，打亂或中斷你的簡報：＿＿＿＿＿

繼前面兩篇比較硬的表格後，這個表格就輕鬆多了，就是人事時地物以及意外的準備重點。主要能提醒我們有哪一些限制可能會影響我們在簡報中的表現，透過先寫下來，提醒自己準備簡報的關鍵。

♥ 人

第一件事情回到聽眾身上。除了前文介紹的聽眾分析之外，我們往往容易忽略聽眾的參與意願和知識水平。

假設我們是一碗補藥，那麼聽眾的意願就是他的嘴。如果他嘴巴張得很大，那我們當然趕快送入滿滿乾貨，但如果他連張嘴的意願都沒有，我們可能就要講個笑話或故事，就像在補藥中加點香料或他喜歡吃的，讓他願意張口。而聽眾的知識水平就像他的消化系統，如果他消化不良，我們給的再多都沒用。此時可能就要稀釋濃度，讓他的消化系統能夠負荷。

♥ 事

事，我主要要說的是規則。一般來說，除了參加比賽以外，還有什麼時候會有規則呢？可能就會是一定要套用公司模版，或是有固定議程的時候了。當有這些規則存在的時候，我認為在商務面上規則會比內容更重要，例如很多人覺得目錄或是流程是很沒意義的東西，但當這是公司規定時，請一定要放。

47

♥ 時

時間是簡報裡最大的限制，很多朋友可能會問，到底十分鐘的簡報要準備幾張投影片？一小時要準備幾張投影片？我給的答案都是：不一定。

投影片的目的主要是為了展示內容，如同電影畫面的概念，每個場景的長度取決於角色的對話和動作，所以你真正要做的是寫出講稿，並且先計時唸過一遍的時間。一般來說，一分鐘通常講一百五十字至兩百字，不過，建議你不要講好講滿。因為很多朋友一開始還沒進入狀況，說話可能比較卡，常導致說不完後面的內容。所以，例如三十分鐘的簡報，你準備二十七分鐘的內容，只要誤差在10％左右，我覺得都是可以接受的。

48

再說個概念，建議你把簡報分區塊，每一簡報區塊都預估所要花費的時間，如此你就能在說完每個區塊的內容後，心裡明白是已經超時或還有餘裕，進而調整分配後面的時間。關於簡報時間的掌握，還是一句老話：多練習。如果可以，準備一個時鐘或是計時器，你會發現，當你知道時間的時候，心中的安全感會多很多呢！

♥ 地

地這個部分就很好理解了，如果可以，先理解一下這個場地能夠容納幾人，這可能決定了投影片的字體大小、圖片多寡、排版。而哪邊會是場地的死角，坐在哪一排會不會遮掩視線，也是重要的細節。有些講堂是挑高的，但是因為設計的緣故，第一二排可能會看不到投影片的某些角度。

　　再來，如果你在簡報中有需要和聽眾互動，那就要觀察：在這個場地，你跟聽眾的距離如何，怎麼樣的走動是順暢的。不然如果你離聽眾很遠，想跟聽眾互動的時候，很可能會因為距離而產生尷尬。

♥ 物

　　物就是器材，一般需要準備的投影機、投影幕、麥克風什麼的就不用多說了。我要說的是針對不同投影機，如果可以一定要先試過。因為投影機的亮度和色差很可能會讓你做好的美麗簡報完全跑掉，或是本來看得清楚的東西變得模糊。另外就是相容性，尤其我自己用蘋果電腦，早期講課常常遇到不能相容的情況，最後只好將就使用現場電腦。

49

♥ 意外

　　意外常常在思路被打斷時發生，例如現場的人忽然問問題，甚至提出質疑，這也是很多在我課堂上同學們經常拋出的疑問。

　　這時候我都會先請同學設想跟現場人士的關係，如果現場的人是「權威者」，例如你的指導教授、主管、老闆、客戶等等。我建議在思考簡報的時候，就可以埋下問題的點，讓對方來問。而你因為有準備，所以就會守得比較輕鬆。

　　而如果現場跟你的關係比較偏「平行關係」，例如社團、同事、合作夥伴等等，那我會建議你問個問題，讓打斷你的人多說一些，最後再幫他做總結，並且拉回到自己身上。因為他們可能會有一種優越感，或是想刷一下

存在感。

　例如我有一次上邏輯表達的課程，被一個老師打斷，他問我的邏輯有什麼根據嗎？我反問說：老師有沒有什麼好想法？他回答說邏輯不是這樣的，真正的邏輯應該是如何如何。最後我把他的話摘要一些重點，最後拉回到比較思考邏輯和表達邏輯的異同，做全了他的面子，也達到我的教學目的。

　最後，如果現場跟你的關係是你比較高，他們是「聆聽者」，那麼建議你在開場的時候加個前提：我的記憶比較不好，被打斷的時候常常會忘記後面要說什麼，如果大家有什麼疑問，先請幫我寫起來，我在最後的時間會和大家一起討論。先說清楚後，就能用相對幽默的方式把這件事情（意外）先化解了。

　當然意外還有很多種，我也遇過講到一半，電腦主機板掛掉，我改用白板＋圖畫講完整節課，反而同學很認真聽，而且覺得很有趣，最後得到不錯的效果。大家可以多思考現場可能的意外，事先把解決方案寫下來。

>> 思考題

1 試著用這張表簡報限制檢核表寫出你下次要簡報的限制。

2 思考當意外發生時，你要如何避免？

3 如果要創造一個故意被抓的意外，你要怎麼做？

05
為什麼我們要從心法開始

到這裡，第一章進入尾聲，你可能好奇我為什麼要花大量的篇幅寫出心法。因為我認為心法是根本，只要想得清楚，就能解得漂亮，講得完善。

當你理解「以終為始，聽眾為王，知己知彼」的概念後，不管與任何人溝通，你就會下意識的思考自己的目標是什麼，可以用什麼樣的方式讓對方感興趣，並且在有限的資源內達成。這是我解決一切問題的思考方式：我要什麼、對方要什麼、有哪些限制。當你能夠把這些問題想得透徹，即便你沒有任何投影片輔助，我相信你的簡報會同樣精彩。

我們再把三個心法的層面做一個複習與總結，他們分別是：

1 以終為始：這場簡報的目標，我希望聽眾能夠得到的資訊／改變／行動

2 聽眾為王：聽眾是誰？他們對什麼感興趣？

3 知己知彼：有哪些外部資源的限制？

　　在此我想分享幾個情境，希望藉由和你一起思考心法與情境的對比，讓我們準備簡報的時候能夠更快將心法內化。

♥ 情境──用胡蘿蔔釣魚的兔子

　　第一個情境題先暖身一下，有隻兔子都拿胡蘿蔔釣魚，但他很納悶為什麼都沒有魚上鉤，非常的懊惱。如果你用剛剛說的三個心法來看，你覺得可以檢視出什麼，可以讓他解決問題？（這沒有標準答案，歡迎你先想一想，接著再往下看我的想法。）

　　這個情境題，我想就不同的心法來討論。假設你討論的是以終為始，也許你會開始思考，到底兔子為什麼要釣魚啊？如果目標是填飽肚子，那直接吃紅蘿蔔就好啦。而如果是要休閒娛樂，那麼有沒有其他的休閒娛樂呢？

　　是的，以終為始就是讓你不斷思考目標和行動的差異，你會發現我們常常錯把行動當成目的，但行動只不過是達成目的的方法之一，而不是目的本身。

　　接著如果是用聽眾為王來討論呢？太簡單了，因為魚根本不愛吃紅蘿蔔，所以兔子當然就不可能釣到魚啦。只要換個魚餌或是麵包蟲，也許就能讓兔子滿載而歸了。

　　而知己知彼就是考慮外部資源，是不是這條河的魚很少啊，又或者是我有沒有撈網能夠直接把魚撈上來呀，我能不能找個會釣魚的朋友來幫忙啊之類的。

　　講完了這個概念，你應該明白簡報裡我們要思考的就是：我方想達成的事，對方渴望的事，以及所有資源的分配。這就是我認為簡報前的核心準備邏輯。所以回過頭來，當你要準備一份簡報的時候，可以想想該怎麼用這三個心法來檢視。

情境──部門年度報告

　　接著第二個問題，如果你要準備一次部門的年度匯報，你要思考哪些事情呢？

　　就以終為始的角度，我可以先發想，這個報告對我而言要達成的目標有哪些。是要讓自己被看見呢？還是讓部門被重視？還是未來的提案能夠通過？

　　而聽眾為王，我們可以思考老闆喜歡的簡報類型，是滿滿的資料和細節？還是簡短有力的方向說明？還可以多想的是，除了老闆以外，我的報告內容還與現場的誰有關聯？

　　最後的知己知彼，思考自己報告的時間有多久，能不能搭配紙本資料說明？老闆同事對於我的部門理不理解？能不能用專業術語？會議室有多大？我的投影片能不能讓每個人看清楚？

❤️ 情境──宣揚環保的演講

　　這三個心法的思考方式也可以用在準備一場演講上，假設你要用一場演講，宣導環保的理念，那麼你要思考哪些事情呢？

　　此時你就不是要思考你的理念多棒，有多少人喜歡。畢竟環保人人都知道，但卻都做不到。所以我們要思考的重點可能不只是環保的重要，而是該如何做才能夠做到維持環保。

　　接著若是聽眾為王，請你想想現場的聽眾他們關心什麼，就像比起臭氧層破洞對我們的影響，大家更關心北極熊的棲息地。比起塑膠不會被分解，大家更關心海龜吃到了吸管。

54

　　而知己知彼的簡報限制考量上，你一樣要想可以講多久，這決定了你要準備多少故事和資料。現場有多大，人數有多少，可能決定了你對話或是放影片的節奏。

　　說了這麼多，只是想和你說只要事前能夠用心法對焦一下，那麼我們在準備簡報的時候，方向就能夠更堅定。很多人並不是不會簡報，而是方向不明確，就像是開著一台車，但不太知道路怎麼走，這時候自然就要花大量時間準備簡報了。

　　所以當你看完了心法篇，希望你每次要簡報前都先思考這三件事：**目標、聽眾、限制**。因為簡報中最重要的並不是做出來的模樣，而是符合需求的思考模式。當簡報決定了方向後，準備就變得容易多了。

>> **思考題**

小美是保險業務員，要準備一次早上例行晨會的十分鐘簡報。主管希望晨會能夠帶給大家一天活力的開始，充滿拼勁。但她每次上台講上禮拜接到的訂單和金額時，台下的同事都不太理她。如果你是小美的好朋友，你會怎麼樣用這三個心法幫她呢？

LESSON

2

簡報底層邏輯

01
簡報的四個類型

在 講簡報的思考前,想跟大家聊聊簡報時內含的元素。

由於 TED 的關係,簡報變成顯學。大家都想像著自己可以站上舞台分享想法,把理念傳遞出去。於是有許多人開始進修、上課,甚至只是看影片學習,就是希望自己能夠有朝一日能夠上台。但你可以想像一下,如果你是主管,你的下屬在工作會報中認真說十八分鐘的故事,你大概會聽兩分鐘就打斷他,問他到底重點是什麼了吧?

我想談談幾個簡報裡面的元素,大家也可以一邊思考你平常是怎麼樣簡報的,而自己的專長大概在哪邊。首先我參考了我常常在溝通裡用的 DISC 理論,把簡報分類成兩種型態,一種偏向理性,而另一種則是偏向感性。接著我們再把這些簡報分成兩種型態,一種是注重邏輯的,另一種是注重結果的,於是我們可以得到這樣的一張象限圖:

結果

結果型　　　　感染型

理性 ｜ 感性

資料型　　　　啟發型

邏輯

　　我簡單的命名這四個簡報方式，分別是結果型、感染型、啟發型、資料型。我們可以將每一種類型看成對方和自己要扮演的角色，每個角色都有各自適合的情境和目標。像是剛剛一開始的情境，TED簡報主要是啟發型，擅長用長時間的鋪陳來敘說理念，但是通常主管和老闆是結果型，希望在最短的時間聽到答案。所以用這兩個截然不同的角色碰在一起，是一定不行的。接著來談這幾種的簡報類型的角色模樣與適用場景，讓你可以快速辨認。

♡ 結果型簡報

　　結果型簡報通常時間不會太長，因為結果型的聽眾基本上會是比你高階層的人，或是決定要不要買單的投資人或客戶。所以十分鐘已經算是非常

長了，重點在於如何在短時間內說服你的聽眾。這個情境像是電梯簡報，進主管辦公室的三分鐘交辦事項等等。

在結果型簡報的概念中，通常有確定的結果、答案、行動方法。如果沒有，那麼也會有預估的結果和比較表，方便你的聽眾快速做出決定。也因為時間不夠長，所以通常會是二選一的選擇方案，而不是給予很多資料和數據來佐證。

通常一開始會先說出一個強大誘因，無論是利益點或是損失點，讓對方能夠快速判斷接著要聽的東西。例如我一進會議室，我不會先秀圖表和報告，我一定會先說：這個是我們評估起來可以賺超過一百五十萬的案子。

所以結果型的簡報者通常話不多，而且給聽眾的思考時間也不多，主要是用強大的損益點和可靠的佐證資料來達到效果。而這類型的簡報者比較難駕馭的就是啟發型的簡報訴求，當他要說一個故事來鋪陳的時候，他總會覺得講這麼多廢話幹嘛，直接講結果就好了。同樣的，他如果做為聽眾，也比較喜歡直來直往，所以跟這類型聽眾說明的時候，記得結論先行，再講資料。

♥ 感染型簡報

通常感染型的講者時間不限，而且時間越多越好，畢竟他們總有很多想到的事情可以跟你分享。也因為這樣，他們的分享常常會讓你摸不著頭緒，因為那只是臨時起意。這個情境通常是在演講、脫口秀，或是激勵的場合。

感染型簡報中，最重要的是影響聽眾的情緒。他們的人格特質通常很有魅力，有許多有趣的故事和笑話可以講。他們也會用許多情緒來感染你，像是自己大笑，罵髒話，甚至講到激動還會落淚。最大的特徵，就是他們多變的音調和肢體語言。

在這樣的簡報體驗中，還要埋入很多的笑點和故事。用一次又一次的情境讓你留下感覺和印象，結束後都會覺得印象非常深刻。所以他們的開場通常會是一個情緒很強的故事，能夠讓全場馬上大笑或難過。

感染型的簡報者是最有梗的，而且很能和聽眾互動。他們用強大的情緒和個人魅力來達到效果。而這類型的簡報者比較難駕馭的就是資料型的簡報訴求，當他要說一份固定且無趣的資料時，他講起來就會說服力大降，因為當他無法用幽默風趣的方法說明時，自己都覺得無料。而跟這些感染型聽眾分享時，只要努力的讓他們又哭又笑就好了。

♥ 啟發型簡報

啟發型很常在TED講者中看到。啟發型通常時間在二十至六十分鐘左右，因為他們講的故事都具有很深刻的意義和啟發，需要很長的鋪陳和準備。但又不能夠太長，否則可能會讓許多聽眾失去耐心。

啟發型簡報中，最重要的是讓聽眾感受講者的生命故事。他們用最真誠的態度跟你分享他們生命中的痛，能夠打動許多台下的觀眾。這些情境也很適合用在演講，只是是偏向比較靜態的。而很多宗教中也都是啟發型的講者，他們會用很多經典結合自己的見證，和台下的人達到共鳴。

　　在啟發的過程中，重要的是那些故事經驗能不能夠和台下的聽眾連結。還有講者能不能夠將當時遇到的痛苦，轉化為新的養分。如果這兩件事情都可以達到，那麼啟發型簡報者具有最強大的力量，能夠讓所有的聽眾建立起新的信念。

　　啟發型的簡報者是最有生命能量的，他們用自己的生命故事來影響台下的人。而這類型的簡報者比較難駕馭的就是結果型的簡報訴求，因為他相信所有的結果都是好的，但要達到目的必須經過過程，所以通常會很認真的解釋來龍去脈，導致對方沒耐心。而當你面對的是啟發的型聽眾時，就勇敢地說說自己的生命故事吧。

💙 資料型簡報

62

　　資料型簡報從三十分鐘到八小時都有可能，資料型簡報者主要是透過大量的資料來推估和佐證，最後推導出結果和行動。他們不直接說答案，而是告訴你他們的觀察。

　　資料型簡報中，重要的當然是資訊、數據、圖表。他們很擅長從這些資料中觀察、分析，找出屬於這些資料的脈絡。這些情境通常會在研究發表，某些教學場合，以及需要大量資訊分析的會議上。

　　在說明資料的過程中，重要的是用有邏輯且嚴謹的思路說明，並且還要讓台下的人聽懂。如果台下的人都是為了獲取資訊而來，那麼在資料型簡報的場子中，肯定會有滿滿的收穫。

　　但也由於資料型的講者內容豐富，能夠光用內容就說上一整天。但他們也很難駕馭感染型的場子，因為他們認為情緒是沒這麼重要的，所以他們的簡報中不太有什麼笑話和故事，用資料來服人才可以。而如果你要跟這類型的聽眾分享時，就用力的準備好資料吧。

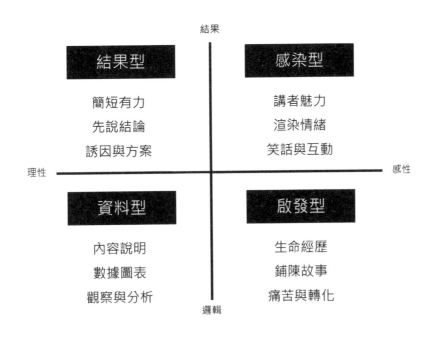

63

>> 思考題

1 你平常的簡報情境是什麼模樣？

2 你覺得你適合哪一種簡報類型？

3 你會想怎麼樣調整成其他類型？

02
架構三原則：2W1H

有 一個來上課的同學，他的心得讓我印象非常深刻。他說：我當時來報名這堂課，是希望能夠找圖找得更快，讓畫面變得簡單。後來上完課後，我才知道我簡報做得慢，不是因為我的投影片做得很慢，而是因為我根本沒有架構。

上一篇講了簡報的各種類型，現在要談簡報的基礎結構，首先是結構上的「三原則」。

如果你有認真看目錄，我在這本書中很常使用「三」。例如簡報的三個心法，簡報的三個結構，畫面的點線面三原則等等。以前聽人說過7±2的心法，意思是人可以接受的訊息量大概是七項左右。

但有一次，我被問到《成功者的七個習慣》是哪七個的時候，我卻忽然答

不出來。我才發現其實在資訊過載的時代裡，超過五個訊息的事物已經沒有辦法被我們記住了。

　　現在能讓人記得最清楚的，應該是三件事。所以在整本書中，我也儘量的都用三個關鍵字來做整理，希望能讓你「好讀，好懂，好記」。而在這個章節的開始想分享的最核心架構，是三個我們常聽到的字，分別是：Why、What、How。

　　如果聽過5W2H、黃金圈等理論的話，那麼我想大家對這三個字並不陌生。不過由於大家的英文能力可能都比我好，我怕我們對於這三個字的定義不同，所以還是請大家委屈一些，先和我使用同樣的定義：

WHY：對方聽下去的理由
WHAT：你要說的事情
HOW：如何達成

65

　　這樣看起來好像還是不太好理解，我來舉個例子。有一次一個同學跟我說，他去了一間學校演講，但是效果好像不是很好。於是我問他是怎麼鋪陳的？他說他先介紹自己，介紹公司，然後介紹他的工作，介紹金融科技，最後介紹如何大家進入金融業發展。

　　這聽起來沒有什麼問題，但你還記得簡報心法中的「聽眾為王」（第36頁）嗎？如果現場的人都是學生，很多人根本沒踏進職場，他們可能從自我介紹和公司簡介中就開始睡了。因為他的簡報過程其實是不斷的WHAT，直到最後的HOW。而當這個過程缺少了WHY時，同學的注意力就比較難集中了。

那麼，我們要怎麼樣用這2W1H來改變呢？很簡單，回到心法的「以終為始」。我問他希望帶給同學的是什麼？他說希望同學能夠在未來投入金融界，並且提早了解科技。於是我把他的架構改了一下，這邊提出一部分跟大家分享：

（原架構）

WHY：你有使用過信用卡嗎？你知道哪張卡最划算嗎？

WHAT：信用卡的使用，金融業做的事，為什麼可以划算。

HOW：信用卡整理，邀請加入金融業，讓自己對錢更了解。

（修改後）

WHY：你知道從事金融業後十年，平均的薪水怎麼樣嗎？

WHAT：我的經歷，公司給我的自由，客戶的故事

HOW：如果要進來，你該準備的是……。

66

當然，那是一小時的演講，還有很多部分沒有提出來。但你可能發現了，我是設定「同學們都想省錢，以及找到一個未來發展工作」的前提下來思考，所以在一開始的WHY裡面，我們埋下一個好奇的情境，讓同學願意走進去了解。而在WHAT當中，我們解釋這件事情的原理。最後在HOW中，我們給出行動方案，並且讓對方願意更進一步。

所以簡單來說，我們是以聽眾角度重新詮釋這三個詞：

WHY：讓他產生好奇

WHAT：你的解釋和論證

HOW：該產生什麼行動

同樣的，學會這件事情後，希望你不只能用在簡報上。只要是表達，都可以使用這個架構，例如平常說話、開會，甚至在社群網站上發文。你可以試著思考怎麼套用這個框架，讓對方繼續看下去。

舉例來說，我要說明簡報的重要性，我本來可能只想說：學簡報增加專業能力，讓職場更順利。但你會發現太空泛了，想加點東西，這時候就可以用這個方案來說明：

WHY：學簡報，真的對職場有幫助嗎？
WHAT：明明同樣在工作，隔壁老王上個月在總經理前簡報……。居然下個月就被邀請到國外客戶那邊報告，回來就升職了。原來簡報不只是專業能力的提升，更是增加能見度的好方法。
HOW：請撥打忘形流報名熱線。

67

如果你有追蹤我的文章或簡報，就會發現我的很多文章都是依循這個原則。但有些時候你可能會覺得不太一樣，這是為什麼呢？我必須說，所有的架構都是基礎，這其中存在著很多變形。所以接下來的幾篇要跟你分享我從生活中的事物學到的事。希望能讓你好讀，好懂，好記。

你有發現嗎？上面這段話也是依循著2W1H原則，並且用三法則作為結尾。理解這三個原則，希望能夠幫你建立一雙「簡報之眼」，下次看到別人講得很精彩時，能不只拍手，還能解析他們簡報背後的道理。

如果你對這個方案熟悉了，你可以試著思考上一篇簡報四種類型的風格，我稍微幫你整理了一下：

結果

結果型	感染型
Why：我們目標一致	Why：我懂你想要的
What：我們能得到什麼	What：圖片或影片
How：我們該怎麼執行	How：一起成就的願景

理性 ──────────────────── 感性

資料型	啟發型
Why：新的研究或趨勢	Why：我懂你的痛苦
What：圖表，數據	What：我的故事
How：分析和結論	How：這件事給我的啟發

邏輯

>> 思考題

1 忘形這本書有哪些部分用了這個原則呢？

2 找到你覺得精采的演講或簡報，試著分析看看。

3 思考一個主題，用2W1H在社群發文試試。

03
事物的三種邏輯

在 上一節的2W1H中，我想你大概能理解我常使用的架構了，接著跟你分享我覺得在「任何表達」都需要的邏輯。

我想事物時有分三種邏輯，分別是：**相同，對比，因果**

當我們要解釋一件事情的時候，可以思考怎麼樣從這三件事情下手。舉例來說，如果要解釋簡報中的投影片是什麼，我會分成這三個概念來說：

「投影片就像是人一樣，如果沒有外表，那麼有誰會想繼續探索你的內在？

有些可怕的投影片是字太多像是字典，卻找不到重點。也有圖片太複雜，流程圖小到看不見。所以好的投影片可以讓你在幾秒知道這張的主題

重點，圖片簡潔吸睛，讓你想拿手機出來拍照。

因為大家看投影片，不是讓講者變成讀稿機或是旁白，而是希望講者能整理出重點，讓我們好記住。所以微軟的投影片叫做power point，希望每一個點都有力。而蘋果電腦的keynote之所以不是複數，也是希望大家不要打太多東西上去。」

好，上面就是我在講解投影片時會說的一部分內容，而我就是針對投影片這件事情，用三個不同的概念來說清楚。首先我用**相同**邏輯，把投影片的外觀和人的外貌做連結。我認為相同邏輯中，最好用的方案是比喻法，如果有一個好的概念能讓對方秒懂，那就能夠在對方心中留下深刻印象。

舉例來說，我曾經聽過一個說法：真愛就像鬼一樣，相信的人很多，真的遇到的人就很少。這真的能夠讓大家會心一笑，也能讓大家很深刻的記住。所以如果能用對方理解又幽默的比喻說給他聽，就能製造好的效果。

接著我都會說，如果你的東西已經是一百分滿分，那要怎麼樣讓這個分數繼續往上加呢？沒錯，這時候只要放一個負分的東西在旁邊，那麼感受上，分數就自動加上去了。

曾經有人做過一個實驗，把一隻手放在十度的水中，另一隻手放在三十度的水中。放一陣子後，同時把手放進一個二十度的水中。明明這時左右手都在同樣溫度的水中，卻有不同感受，這就是**對比**邏輯的厲害。

而對比邏輯可以思考兩個可能，一個是好的與壞的差異。我有一次在溝通課上解釋為什麼同樣的話由不同人講的效果不同。我說，如果有一隻可

愛的貓或狗跑過來蹭你的腳，如果你不怕動物，可能會開心的跟牠互動，摸摸牠。但如果你看到的是一隻蟑螂跑過來，你可能會大叫甚至跑開。

剛剛說的就是好與壞的對比邏輯，而另一個常見的對比邏輯就是Before／After的邏輯，這個邏輯常常用在醫美和整形上。就是你會看到左邊是整型前，右邊是整形後，用超大的反差對比讓你相信有效。（順帶一提，這也是BFA簡報小聚的活動方式，讓你能夠看到一位講者兩次上台，在過程中經過簡報教練指導與編排，會在這兩次感受到巨大的差異。推薦你可以搜尋BFA簡報，來看看改變的前後。）

在理解了對比後，最後一個是聽起來很容易的**因果**邏輯。之所以會放在最後，是因為我覺得因果不只有解釋，還帶著承先啟後的重大使命。你可以想像這就是火車中間連接車廂的卡榫，連接緊密，才能讓乘客從這節車廂轉換到下節車廂。

以我剛剛的舉例，我想說明投影片的重要性，接著轉了一個梗，告訴聽眾，投影片軟體早就告訴我們結果了，就能加深大家印象，也能夠接到我之後要說的投影片設計。

所以因果邏輯的妙用是在於在能夠讓我們轉換的時候更加順利，我常常在上課時運用，我會說：

「大家剛剛都在這個問題上卡住了，那是因為我們的思考中有一個盲點，是因為我們一開始被題目給引導，以為只有兩種選擇。所以我要來跟大家分享，如何引導現場的聽眾進入你的思路。」

71

　　這時候同學們就會由這樣的因果邏輯，轉換到想要學習如何用情境引導聽眾。而另一個方案是打破對方的一些認知，例如我們可以說：

　　「之所以要先介紹我們公司，就是要引出我們和別人完全不同的一項服務。」

　　這時候對方就會非常專心，希望知道你的服務到底和別人有什麼不同。所以因果不只能夠讓對方恍然大悟，也是能夠製造出懸疑效果的方法，先把結果告訴他，但不告訴他真正原因。

　　所以縱觀整本書，其實我的思路都不脫離這三個邏輯。甚至如果你有興趣，有空看一下政論節目，基本上也都是用這幾個邏輯在說服大眾。例如什麼黨就像是個吸血鬼，以前什麼黨做的時候多好，現在什麼黨做得很爛，因為什麼黨就是怎麼樣怎麼樣，才會造成現在這種結果等等。如果對此你有一種既視感，那你就明白其實原理很簡單，你也都懂，只是我們平常比較少練習這樣說話，所以最後來練習思考題功課吧！

事物邏輯

相同 用對方能懂的比喻，說明他不懂的事

對比 用不同面向或好壞的對比，加深印象

因果 用你的獨特觀點製造懸疑，再來說明

73

>> 思考題

請你思考一個主題，或是一個你想賣的產品，想闡述的觀點等等，用這節說的三個方法架構：

1 相同邏輯：用一個好的比喻來形容你的主題。

2 對比邏輯：用一好一壞，或是Before／After來為你的主題做個對比。

3 因果邏輯：你這個主題的特別之處在哪，為什麼？

04
跟麥肯錫學架構

相信大家應該對「麥肯錫」這間公司不陌生，如果很陌生的話其實也沒什麼關係，就是個厲害的管理顧問公司，專門幫大家解決問題。而解決問題其實是需要很多邏輯的，因此他們研發了很多解決問題的強大模型，其中一個方式就是金字塔。

如果你對麥肯錫金字塔有興趣，歡迎你上網查查，不過這並不是現在的主軸，關鍵在於我們怎麼樣利用這個金字塔結構來完成簡報。其實整個金字塔的核心，我覺得是由少到多的過程，也就是怎麼提出最上層的觀點，並且層層的證明來支持觀點，最終達到效果。

所以我想跟你分享我最喜歡用的一個架構，叫做「1.2.3」公式。在上課的時候，同學常覺得這應該是最簡單的公式了。我認為這個公式很適合短時間的分享，或是當作是整體大架構，或是每一個小環節的說明公式。這

個公式只有三個步驟，分別是：

1 **一個目標**
2 **兩個面向**
3 **三個關鍵**

　　這邊先舉個例子給你，接著會分別跟大家分享這個公式的使用方法，建議大家可以先思考隨意一個主題，等等一邊看一邊試著套用。假設以簡報為主題，我可能會這樣說：

一個目標：簡報，就是簡單的報告
兩個面向：複雜的報告 vs.簡單的報告
三個關鍵：好觀點、易服用、有共鳴

　　好，接著我們開始一步一步來完成並分析這份簡報。在一個目標方面，其實就是讓聽眾的負擔減輕。所以我們從眾多你想講的事情中，找到一個點。也許是重點，也許是賣點，也許是記憶點，總之是能讓對方願意繼續聽下去，或是能夠概括整個簡報內容的點。所以這邊下了一個結論：簡報，是簡單的報告。

　　接著兩個面向，是我們可以把案例或是效果放進去的部分。還記得前一節說的對比邏輯嗎，在兩個面向這個步驟，推薦使用對比法，讓聽眾的印象更深刻，也更容易襯托出你想講的概念。

　　你可以把這個短想法做出延伸，例如我會說：複雜的報告，我感覺是不在意聽眾，因為沒有經過消化和整理，會讓聽眾跟不上，甚至聽不懂，最

後導致講者和聽眾無法達成連結，反而浪費時間。簡單的簡報能夠讓聽眾更快速的融入情節，理解目標，達成共識，更能達到連結的效果。

　　上述我就是把兩個不同的概念提出來比較，利用對比的方法來讓對方更理解。接著我提出了三個關鍵，分別是好觀點，易服用，有共鳴。而如果我有更多的時間，還能夠針對這三個點來提出延伸解釋。例如好觀點來自你從哪裡觀察，是哪一方的立場，或是哪一邊的價值觀。一邊對，一邊錯，又或者是一邊對，另一邊也對等等。接著再繼續論述易服用，有共鳴分別是什麼，這樣就是一個很完整的架構了。

　　所以想清楚的表達一件事情，其實要先找到這三大類，六件事情。分別是一個讓人一聽就懂的目標，兩個不同卻能彼此襯托的面向，加上三個能夠說服對方的關鍵。找到之後，可以嘗試這樣的公式。（我一直覺得這個公式很有親切感，應該是因為我把它做得很像小時候的跳房子。）

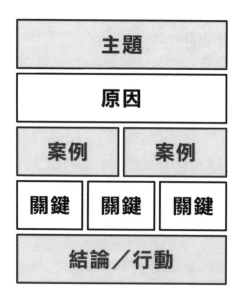

　　希望這個公式能帶著你從頭到尾架構出你的思維。在這邊我以環保來舉例，我們可以思考怎麼樣帶入公式，我大概會先架構這樣的骨幹：

一個主題：環保是每個人都要理解的議題
說明原因：地球只有一個，有環保才有永續發展
兩個案例：塑膠和垃圾給世界的危害／妥善處理後的願景
三個關鍵：少用塑膠製品／停用一次性餐具／多用環保餐具
最終結論：若能夠達到如此目標，地球將會迎來……。

　　於是我們只要把內容和數據填上，就能夠隨時間長短自由變換簡報內容了。舉例來說，假設我只有五分鐘，我就是把上面的主題和原因照說，接著用快速的圖片當作案例。把關鍵當成是行動，最後接到結論。

77

　　但如果我有五十分鐘呢？我就能夠講完主題後，先講個故事當作原因，分享我怎麼跟環保扯上關係的。接著還可以再講個故事，說說為什麼環保跟你我有關。接著我能夠放影片，讓大家看看海龜吃到塑膠袋和吸管後的慘狀，看看塑膠掩埋在土壤裡經過再久也不腐爛。再分享幾個有趣的環保方式，例如可被分解的玉米杯。

　　而在關鍵的地方，我會帶入目前的塑膠製品有多少，塑膠就像是鑽石一樣恆久遠，埋在土裡居然不腐爛。所以該怎麼樣少用，該買哪些替代品。另外一次性餐具可以疊成幾座台北101大樓，停用一次性餐具後，可以為我們創造多少空間。而環保餐具怎麼選，清洗也是學問，選對環保的洗潔精，另外清洗更有效率的時候，省水也是環保。最後再回到結論，說明實行了這些方法後，我們期待有個怎麼樣的地球。

你發現了嗎？當你把這個「1.2.3」和前面的2W1H三種邏輯結合後，你就能夠從更多的角度來重新看待與詮釋一件事情，所以無論是即席短講或是較長演說，都能夠靠這個方法構思出結構。

>> 思考題

挑一個你想分享的主題，將這個「1.2.3」方法好好運用看看吧。

1 思考一開頭的破題。

2 思考兩個不同面向的案例故事。

3 所以要達到你説的，需要知道哪三件事呢？

05
簡報的加減乘除

> 每　一次上課的時候，同學常常會問簡報的關鍵到底有那些，後來為了好記，我想出一個加減乘除的口訣，在這一課的最後一節與你分享。

♥ 加：體驗

我認為簡報的加法，是加上體驗。很多時刻簡報就是講者說，聽者努力聽，頂多配上投影片的畫面。這樣可惜的地方在於聽眾只會有他們本來就預期的體驗，很難讓他們留下印象。

我有一位同學是賣香檳的，他問我怎麼樣才可以讓簡報的體驗更好。我說這個體驗非常容易，就是不要讓客戶最後才喝到你的香檳，而是把香檳融入到整個體驗中。

開場時，可以先說說香檳扮演的角色，每當需要歡樂，慶祝，喜悅的時候，人們總是會想到香檳。而這時候現場就撥放香檳被打開的音效，接著是香檳倒入杯子的聲音。接著，現場的服務人員拿著香檳出場，讓客戶一人一杯。

這時，現場撥放著快樂的音樂，並且請客戶看一下色澤，聞一聞香氣，抿一下酒杯，再告訴他們香檳的顏色，芬芳的氣息，微酸的由來。這時，相信大家都能夠在這樣的氣氛中感受到愉悅，這不就是一個最好的體驗嗎？

有一句話說，能忙著接吻，就不忙著說話。而在簡報的時候，我覺得若能夠讓聽眾感受到，講者就不一定要一直說話了。我有一位同學Will醫師，我跟他在課程討論的時候，就跟他說不要講太多，能讓大家動起來最好。於是他去授課的時候除了講健康知識，還讓現場的大家站起來伸展按摩，除了在現場獲得佳評，也讓單位長期找他合作。

加法就是加上體驗，或許大家也能夠從自己的簡報內容中，找到讓聽眾能除了聽覺和視覺外，眼耳鼻舌身意都能通通用上的方法。

♡ 減：簡單

簡報的減法，就是簡單。簡單的概念有很多種，我這邊舉幾個別做和要做的事，首先別做的事情有：

1 專有名詞
2 縮寫

其實每個專業之間都是一個巨大的知識鴻溝。以我自認為已經是說得很簡單的講者，還是會犯這樣的錯。有一次在一次簡報講座後開放提問，台下聽眾的第一個問題是：請問什麼是投影機流明度？而第二個問題則是，請問ICON是什麼意思？

這是不同的兩位聽眾提問，我在回答的時候很想巴自己的頭，還說自己是簡報和溝通老師，怎麼把自己教的東西忘記了呢？因為我們用得太習慣了，太熟悉了，就往往覺得每個人都會了，那麼這樣的狀況該如何避免，我提供兩個建議：

1 專有名詞可以直接說用途或做個類比
2 可以先解釋，再使用

所以回到剛剛兩個聽眾提問，我可以先說明投影機的亮度很重要，而這邊有一個專有名詞叫做流明度，當下次你聽到投影機流明度的時候，就知道是在說亮度了。這邊我不需要講流明度是從燈泡怎麼計算而來，只要告訴他們用途就很夠用。而ICON的部分，我就舉例路標，網頁上的那些小圖標就叫做ICON，最簡單的方法就是直接給他們看廁所的男女小圖，就馬上理解ICON了。

減法就是隨時在乎聽眾的理解程度，套一句火星爺爺說過的話：要講到連阿嬤都聽得懂。

81

乘：故事和案例

簡報的乘法，是故事和案例。這個部分很容易理解，卻常常被忘記。因為我們的腦海裡對於我們要講的概念和專有知識都非常明白，但是當我們沒辦法讓聽眾和我們經歷一樣的狀況時，就得用故事和案例來說明。

舉例來說，這本書的每一個概念都有一個例子，所以你會很常在書中看見我說「舉例來說」，這就是因為當你的感受沒有這麼高的時候，我馬上提出一個故事情境或案例說明，就能夠加深你的印象，甚至讓你明白更多細節，進而覺得這件事是有可信度的。

所以如果可以，每講解一個概念，最好就給個案例說明。例如當你要執行一個專案的時候，可以給個以前執行過，或其他人做過的相似案例。如果沒有，至少可以提出一個你模擬出來的可能方向。或當你想推行一個觀念時，可以用故事來鋪陳。TED 的講者都深諳此道，你會發現他們都不急著講道理，而是先跟你分享故事。

乘法就是用故事和案例的加乘效果，讓你更有感覺，引起共鳴，還能增加信任度，真的是在簡報中的必備良藥。

除：除了目標……

再來要說說簡報的除法，我把它叫做「除了目標，一切都不太重要」。當你需要在簡報中做取捨的時候，你可以不斷的問自己這個問題：如果這份簡報我只能留一頁，會是哪一頁呢？而這一頁為什麼對你如此重要，而對

聽眾來說，你又希望他們看完這一頁後做些什麼事呢？

如果每一頁你都這樣來思考，我想你就會對整份簡報的鋪陳更有感覺。例如有一個同學要去介紹公司產品時，忽然發現公司的歷史好像只是為了證明他們在產業很多年，那不如直接打出本來就有合作的對象，還有合作的出貨數量，就不需要講公司的沿革和歷史了。於是他找到了簡報的新方向，原來這些介紹都只是為了讓客戶信任，那不如直接提出可以讓客戶信任的資料，就不用請客戶聽冗長的報告了。

所以簡報的除法，就是除了目標之外都不重要，究竟你每一頁的目標是什麼，能怎麼樣達成呢？我提供一些簡單的分類法給你檢視，請你想想這一頁簡報是為什麼而存在：

1 引起興趣（痛的阻礙／夢的願景）
2 解決方案（如何避免／達到他的痛與夢）
3 建立信任（資料／實力證明／案例見證）
4 情緒體驗（故事／笑話／影片／活動）
5 鋪陳連結（提問／轉折／聯繫方式／網址）

如果你發現這一頁簡報不在這五種中，當然也可能是我漏掉了（大笑），不過更重要的是你可以想想這一頁在你的簡報中真的重要嗎，例如出現不到一秒就跳過的成員介紹／組織架構，或是常常看到最後一頁的「謝謝指教」，「thank you for listening」，都是我常歸類在沒意義的簡報頁面。

希望在這課結束後，你就能夠理解簡報的基礎邏輯，當下次遇到簡報難

題的時候，可以試著用用這些簡報邏輯來解決看看，也許能夠找到屬於你的解決方法呢！

簡報的加減乘除

加 加上五感體驗，創造聽眾驚喜

減 減少聽眾負擔，降低內容障礙

乘 乘以故事案例，增加信任證明

除 除了目標資訊，雜訊通通排除

LESSON

3

從生活中學簡報公式

01
整復師教我的三件事

我 因為姿勢不良,常常腰酸背痛。之前去醫院,醫生替我照了X光片,跟我講解整個骨頭的概念,以及肌肉跟骨頭的關聯,接著給我幾個方案,看是要每個禮拜來做拉背復健,還是找物理治療師處理,或是回家做伸展操。接著遞了一張DM給我,上面有幾個姿勢可以做。你猜猜,我有沒有乖乖做呢?

你也知道當然沒有,畢竟我這麼懶的人。身為一個懶鬼,我當然想找速效的方法,於是我找到一位整復師王師傅。我進門後,王師傅問我哪裡不舒服,我跟他說肩頸跟背都很痛。於是他叫我趴在治療床上,往我的骨頭一摸,問我:是不是這裡痛?

我說對,這裡有點痛。沒想到他就用力一按,瞬間我痛得大叫出來。他說:這裡都是壓力聚集點,其實還有很多地方,你姿勢不良就算了,你是

不是平常不運動，睡眠不足，還喜歡側睡對吧？

我聽完後驚為天人，你不是整復師嗎，怎麼改行當算命師了？於是他就搭配著我的慘叫聲幫我整理一番。結束後他跟我說，回去好好睡覺，做一個「俯臥兩頭起」的運動，下禮拜再來。那麼你猜一下，我有沒有乖乖做？

當然有，因為當下實在太痛了，為了改善這個痛，回去當然得認真做。而下次再去的時候，明顯得到了改善，而我的身型逐漸恢復正常。這聽起來是一個業配對吧，但我其實在這邊要說的是有關簡報的三件事，分別是**知識鴻溝、線性思維、痛的感受**。

♥ 知識鴻溝

87

我發現很多人生病了卻不喜歡去醫院，反而喜歡去西藥房買藥，或是自己找偏方。主要除了醫院門診要等候之外，另一件事情是醫院和他們的「距離」太遠了，他們常常聽不太懂醫生說的事。這不是說醫生不好，而是當我們的專業到一定程度時，就會產生知識鴻溝——我們總把自己的知識當成別人的常識。

就像上一堂課提到的例子，我跟同學們說投影機最重要的就是看流明度。但在我都講完後，才有一位同學有點恐懼的舉手，說要問我一個笨問題，什麼是流明度。其他同學也都同樣疑惑地望向我，我才知道原來我剛剛講了很久，但其實他們連名詞都不太清楚，所以聽得非常吃力。

我們之所以要儘量理解聽眾的知識，並不是要表現得很厲害，而是站在

對方的角度，幫助他解決問題。我非常喜歡BFA簡報的大班和楊陽老師提到專業的定義：「專業，就是用對方聽得懂的話，說明他不懂的事情。」這個部分會在後面提到，容我先賣個關子。

♥ 線性思維

　　我們講話的時候，因為怕有遺漏，所以都是用樹狀甚至網狀思維。你會發現很多人把很多細節補充得很清楚，這概念就像是當醫生跟我說明X光片的時候，會講到肌肉和骨骼的關係，當講到復健方法時，又提供很多種方式讓我選。

　　你要說醫生不專業嗎？才不是，在他的腦海中有個很清楚的架構，但那個架構並不是我們腦海裡的架構，因為我們可能缺乏很多基礎知識，也就是上一個部分講的知識鴻溝，所以有效的解決方案，就是運用線性思維，跳過那些知識點。

　　線性思維其實就是讓聽眾感覺在坐火車一樣，一站一站經過，最後達到目的地。上一堂課提到的2W1H就是標準的線性思維。現在，我們再回過頭來觀察王師傅怎麼講話。

WHY：你這裡痛，是壓力聚集點（接著讓我真的痛）
WHAT：姿勢不良，晚睡，缺乏運動
HOW：一個運動，下次回診

　　如果你有發現，王師傅在這個過程中沒有太多解釋，他沒有跟我一起討論

X光片和方法，但你不會覺得聽不懂，因為在這個過程中他只專注在我的問題上，並且圍繞這個問題給出方案，而這也連接到第三部分要說的「痛」。

❤ 痛的感受

大家都知道，人是趨利避害的生物，所以要使人行動有兩個動力源，一種是痛，一種是夢。夢的部分我會在下一節跟你分享，在這邊我們專注談痛。

在王師傅直接讓我感受到疼痛，並且連結回我的日常生活。這個直接連線的概念會讓我想避免掉這樣的疼痛，於是我的內心就會開始思考有什麼方案可以解決。所以當他提出我該做的事情時，我根本沒有多想就答應了。因為在痛的情境時，我的腦袋只想著怎麼樣用各種方法逃離。

而如果這時候對方告訴你可以解除這個痛苦，你會不會馬上去實行呢？我想是會的，因為只要能夠脫離苦海，我們都願意去嘗試。所以，當很多人在2W1H的開頭不知道該怎麼辦時，我就會請大家想想在WHY裡面能夠放進什麼痛苦，當你讓對方感同身受，大家就會更願意繼續聽下去。

和你再一起複習這篇的重點（見下頁）：

89

整復師教我的事

知識鴻溝 ┃ 用簡單的方法說明複雜的事

線性思維 ┃ 讓步驟清楚，慢慢導入結果

痛的感受 ┃ 給聽眾痛點，再給方法行動

>> 思考題

1 你平常簡報的主題有什麼複雜的知識嗎，怎麼轉化？

2 思考你上一篇簡報的2W1H，步驟清楚嗎？

3 如果在你的WHY中加上痛，會是什麼？

02
江湖術士教你簡報公式

上一節講了痛，這一節要來實戰演練了。跟你分享江湖術士的一個有趣流程，也想請你回想一下，平常去算命，或是接觸到的算命大概是怎麼樣呢？

大家應該有類似的經驗，有些算命老師可能在他看到你時就能說出你的一些事情，你會發現有些事真的有命中，並且時間非常準確。這時候如果老師再問你幾個問題，剛好又都是你正在苦惱的事情，我想你大概就信服了。

對方可能會跟你說，你目前發生什麼事，可能是有走運，但是剛好有個災，所以你的事物運行得很順利，但是情況比較麻煩，可能要花很多心力處理，甚至從順利變成霉運等等。接著又描述出幾個他之前看過的案例，真的就像你的遭遇。這時候你忽然好有感觸，這個真的是高人，怎麼這麼了解我？接著他告訴你有解法，應該可以幫你度過難關。當然啦，解法可

以如何幫忙你、解完後會變成怎樣，無一不說。你聽了真心嚮往，期待著如果能夠一切順利，那該有多好。你聚精會神，不希望錯過任何一點細節。

但你還是有點擔心，不知道是不是真的如他所說。於是他開始說明剛剛那些個案，在解決之後有什麼樣的改變，你聽了之後真的是無比羨慕，恨不得現在就變得跟他們一樣。

最後你問大概多少錢，要做什麼？他說了價格，你心頭一驚，這超出你的預算好多好多。而他氣定神閒，說你可以去外面問問看別人能不能做，出了這裡，回來就不是這個價了。甚至，他還告訴你這邊很高科技，能刷卡還可以各種電子支付，也能分期付款。於是你牙一咬，錢包掏出來，至於有沒有用，這不是我們這邊關心的事了，至少我們心頭一鬆，覺得感恩師父。

好，看完這個過程，其實可以套用在許多銷售的情境上，我把這個叫做江湖術士簡報法。這主要也有三個步驟：

1 **問痛點**
2 **說原因**
3 **給解方**

通常第一步是從痛點出發，這個過程可以用說的，也可以用問的。這一步的關鍵是讓對方信任你，覺得「你懂他」。接著就可以說這痛點是從何而來，證明你是真正的了解，用原因和案例讓對方持續堆疊信任。最後當信任關係建立後，才開始說解決方案（這個方案能夠如何有效解決，並提出成功的案例給對方參考）。

如果變成公式，可以想像以下這個流程，中心點是模式，出發後有八個步驟：

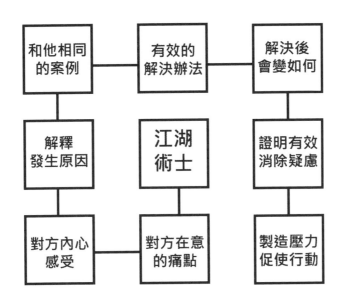

你可以對照回本篇一開始江湖術士的階段，我想你就明白這個公式的意涵了。一開始他問出你的痛點，說出你現在可能有的感受。你覺得很準，他開始告訴你準的原因，再給你看幾個和你一樣的案例，於是你信了。他再告訴你有個解法，之後能夠得到怎麼樣的願景，而且有哪些人跟你一樣，卻得到了好處，最後想辦法讓你馬上行動。

也許你會說，我又不是江湖術士，我該怎麼樣應用呢？這裡跟大家說幾個前提，這個情境非常適用於「解決問題」，也就是說，一開始的痛點是關鍵，如果能夠把問題和背後的痛點連結起來，就能有一場好的簡報。

舉例來說，如果一個餐點外送的平台要跟大眾介紹自己，也許不是先介紹平台的使用方式和品項。我認為可以這樣套用：

1 對方在意的痛點：提出情境，問出問題

你有沒有過這種情況？有一天下了班回到家，累得完全不想動，但你真的好想吃個熱騰騰的火鍋，但最近的火鍋店又好遠。

2 對方內心感受：說出聽眾的心聲

你會不會覺得你工作這麼辛苦，回到家後卻又餓又累，為什麼要受到這樣的對待？

3 解釋發生原因：解答這個情況為什麼會發生

大家如果加班，或是天氣真的很冷，一定只想火速回家。而最近因工作離家，或是一個人住的人非常多，不是每一個人都有家人幫忙準備飯菜，或是住得離餐廳或小吃很近。

4 和他相同的案例：告訴聽眾你不孤單

就以我來說，我走到最近的餐廳可能要十分鐘，而樓下的巷口就只有便利商店。跟我住一起的室友也有一樣的困擾，於是我們就不斷的思考，難道我們就只能吃微波食品嗎？

5 有效的解決方法：所以這個問題該怎麼辦？

於是我們想到，如果我們能夠找到願意外送的店家，願意賺外快的人，我們就能組成一個外送平台，讓每一個又餓又累的人，不需要出門，就能夠吃到任何在平台上的餐廳。

6 **解決後會變如何：用了這個方法，能得到什麼好處？**

所以加入這個平台，就能讓餓肚子的人得到滿足，能夠享受想吃的，而且是熱騰騰的食物。而有時間的人，還可以藉由送餐讓自己賺些外快。而餐廳能夠在不增加固定外送員成本的情況下，增加外送的收入。

7 **證明有效，消除疑慮：真的可行嗎？有這麼好嗎？**

目前試辦到現在，我們在北部擁有2500個會員數，500個配合外送員，100間合作餐廳，點餐次數達8000次，評論高達4.8顆星，另外有許多會員的評語如下……，代表這個平台真的能夠符合需求。

8 **製造壓力，促使行動：除了行動外，告訴他不馬上行動可能的損失**

如果你也和我們一樣，希望在又餓又累的情況，能夠不出門就吃到想吃的餐點，那就趕快下載我們的APP軟體。當場下載，還享有前三次免服務費的優惠，這個優惠只有現在下載的朋友能夠獲得，說明會結束後這個優惠就會關閉。

以上就是針對這個公式的套用方法，有沒有覺得似曾相識呢？沒錯，我認為這就是在銷售情境中非常好用的公式，無論你是要賣一個想法，賣觀點，賣知識，賣產品，只要你能夠精準定義聽眾的問題，那麼這個公式就能帶著聽眾一步一步走向你想要的答案。

江湖術士簡報法

痛點說明 | 說出一個聽眾超有感的痛點

解決方案 | 引導問題的核心與解決方法

證明有效 | 提出見證案例，促使你行動

>> 思考題

自己試著實做看看，也去看看身邊的人有沒有這樣用，如果沒有，那你會怎麼幫助他呢？

03
直銷保險教我的三件事

記 得以前曾經在關鍵評論網寫過一篇有關直銷的文章，結果被罵得臭頭，我才發現台灣人對於直銷具有很高程度的厭惡感。其實每個行業都有老鼠屎，加上我一直對這個行業感到好奇，所以我之前常常參加活動和聽他們說明，每次都能從其中發現一些「啊哈」。

我感受最強的就是現場的氣氛營造，現場有氣勢磅礡的音樂，身邊圍繞著很熱情的朋友，加上講者強大的渲染力。但我可能是天生比較「閉俗」，所以看著這樣的狀態，我的害怕其實是大於感動的。可是有很多朋友會因此進入熱血沸騰的狀態。

而講者都講了些什麼呢，首先我們聽到的都是「希望」。看著講者駕駛的名車，和伴侶一起旅遊的地方，品嘗的美食，度過的生活，令人心生嚮往，希望自己能跟他一樣，好好享受生活。

但話題一轉，講者會說起他以前的模樣。有些人是成功減重，有些人是從過勞到掌握人生，有些人從庸庸碌碌的上班族變成財富自由。這時候主題似乎變成了「失敗」，講者開始分享他們從失敗到成功的方法。

好，這邊說明一下底層邏輯，講者是這樣鋪陳的：

WHY：你想不想過這樣的生活

WHAT：其實我以前也跟你一樣糟糕，但是……

HOW：如何透過我們的方法，讓你變得更好

你也可以當成是「1.2.3」的說法：

一個目標：想不想得到財富自由？

兩個面向：以前的我／現在的我

三個關鍵：加入組織／利用制度／努力經營

如果正在從事直銷行業或是像這樣有組織事業的，看到我這麼分析，應該都會跟我隔空擊掌一下。我想跟你分享的有三個點是：**夢的嚮往、失敗故事、引動情緒。**

 夢的嚮往

還記得上一節說的「痛的感受」嗎？這邊的「夢」就是它的對應。聽過一句話是這麼說的：「我們賣的不是產品，而是顧客對美好生活的想像。」請你試著回想所有的休旅車廣告，是不是都是和家人出遊，有老婆孩子，更絕的是幾乎每一支廣告都有一隻狗跳上車？

沒錯，透過這台車，要傳達的就是你對於美好家庭的想像。簡報也是一樣，如果在一開始我們就能夠勾勒出一個模樣，讓對方覺得這就是他想要的、他追求的，那麼對方就會更願意繼續聽下去。

舉例來說，我在投影片製作時常常說：「我常常有一種自傲，就是當身邊的人還在找模板的時候，我的投影片已經完成了。」我相信我的方法不是最美的，但肯定是最快的，因為時間對我來說，是更寶貴的事，我可以拿時間去處理其他事情，甚至是耍廢。

此時你會發現大家都好希望學，期待學完之後，也可以幫自己省下時間。而這就是「夢的嚮往」，大家並不是要學習投影片設計，而是想像如果能花更少時間，自己還能多做什麼事。

99

❤ 失敗故事

為什麼要講失敗故事呢？我認為成功故事大家都聽得多了，但很多人的成功離我們很遠。而如果講者在台上是成功的，但卻說出失敗的過往，反而能夠快速跟聽眾連結。

以剛剛我教投影片的例子，如果我這時不斷吹噓，說自己做投影片多快，可能這時候大家就會不開心了。因為沒有人喜歡聽別人吹噓。所以我都會說，我之所以開始想這件事，是因為我毫無美感，也不會做投影片，連套用模板也常常不合風格，於是我開始思考，有沒有更簡單的作法？

這時候我會給大家看以前做成的投影片風格，大家都會驚訝。接著我才

會一步一步的說我怎麼觀察，怎麼樣學習，才慢慢變成現在這樣。於是大家跟著步驟一起操作時，才發現真的沒有想像中的難，自己也可以做到。

所以我都說，失敗故事是讓講者可以從台上變到台下，和聽眾站在一起。這時聽眾會發現講者不是神，而是經過努力的人。於是聽眾會認為自己也做得到，更會想跟講者一起努力。

 引動情緒

最後當然是引動情緒了，以剛剛直銷的例子，他們能讓現場熱血沸騰，不全然是講者的功勞。還要身邊有組織的人（暗樁）、合適的音樂，此時搭配講者的說話和手勢，就能夠改變現場的氣氛。你會發現，當情緒沸騰的時候，人的判斷能力基本上會降低，而這就是為什麼很多組織都會邀請你到現場了，因為現場的氣氛能夠讓你想要加入。

不過這邊要反過來說，當你理解情緒這件事情之後，下次遇到很多情況你就不會忽然失去理智，還是能夠好好地做決定。之前看一本書是「超越邏輯的情緒說服」，裡面就提到人其實是不理智的，你就能了解當爽度夠的時候，其實價值觀是很容易被調整的，就像川普在選舉當下給了很多的願景，但要架起美墨的那道牆一直沒蓋出來一樣。

好，來複習直銷教我的事：

直銷教我的事

夢的嚮往 ┃ 創造聽眾無法拒絕的願景與夢

失敗故事 ┃ 與聽眾同步，以前我們都一樣

引動情緒 ┃ 一切不用證據，而是留下情緒

101

>> 思考題

1 你能夠為聽眾設下什麼樣的願景，讓對方願意追隨呢？

2 有什麼失敗故事能夠加深聽眾印象，讓他覺得你跟他一樣？

3 你想讓聽眾留下什麼情緒，你會想怎麼做到呢？

04
健身教練教你簡報公式

 完了直銷和保險之後，你可能猜到我們要進入公式了。這邊要跟你分享的是健身教練的公式，你可以先回憶一下你有沒有這樣的經驗：

你下定決心要認真減肥，雕塑身材。於是你走進了健身房，接著一個身材練得非常精實的人走了過來，問你需要什麼服務？你看了看他身材，馬上覺得這就是你夢寐以求的樣子，於是你和他說，希望練得和他一樣，但是不是很難？

他告訴你，要練成這樣一點都不難，主要大家都輸在三件事，一個是正確知識，另一個是正確姿勢，最後則是恆心和毅力。接著他打開手機，給你看他之前的模樣，根本就是個胖子。

後來他告訴你，透過飲食控制和大量的訓練，他慢慢的改變了，他甚至

還分享當時他一度很想放棄，但還好信念讓他堅持了下來。於是你看著他手機中的照片，彷彿看見一個人的變身過程。

後來他跟你說，其實最大的關鍵是因為一句話：「如果一個人連自己的體重都控制不了，那還能夠控制什麼呢？」於是他不斷的咬牙堅持，不但達到了目標，還超越了他本來的預期。

他給你看一開始的他跟現在的他，根本判若兩人，他說其實他也沒想過要當教練，只是後來他覺得如果能幫助別人享受變身的美好，不但能夠做自己喜歡做的事，還能貫徹使命。

接著他跟你聊了一下，幫你開出可能的菜單，並且深入的告訴你為什麼以前的方法沒用，是因為存在了哪些盲點；而為什麼不能自己一個人練，一定要找教練，就是怕練的姿勢不對，沒效還好，受傷才是得不償失。

103

他又拿出了手機，找到幾個跟你身材相近的人，你看見每張照片上都有Before／After的身材，以及訓練的時間。看了這些人，你開始在心中想像鍛鍊半年後的自己，那一定會是個很棒的情景。

接著你跟教練握了手，付了錢。教練在你離去前說：記得現在的這個體態和決心，你會在半年後看見改變。你握了握拳，離開了這裡。

好啦，故事說完了，你是不是忽然想去健身房了呢？我把這個公式叫做健身教練簡報法，主要由三個架構組成：

1 **秀肌肉**
2 **看改變**
3 **灌信念**

　　在這樣的簡報中，最重要的就是你本身夠不夠強大，所以第一步通常是
「秀肌肉」。有沒有看過很多講者在一開始就會說出他的豐功偉業，或是說
出令人稱羨的生活。接著他會告訴你這樣的改變是從何而來，為什麼他能
夠做到這個樣子。而最終他會告訴你，只要相信他，和他一起行動，就能
夠得到你想要的未來。

　　如果變成公式，健身教練的流程是這樣的：

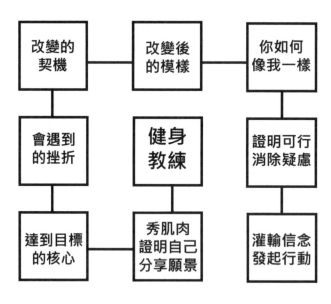

對照一開始教練的概念，你會發現，雖然我說教練是秀肌肉，但其實那就是你的願景，接著教練會解釋如何成為這模樣，這其中會有一些動人的追求故事，但不一定是他的，也許是學生的。接著他會跟你分享其中的改變關鍵，以及改變前後的差異，提出可行的方法。最後他證明這個方法真正可行，希望你一起行動。

你可能會覺得，這後面的流程跟江湖術士的好像啊！沒錯，回到簡報心法「以終為始」，每一個簡報都有目的性，所以聽眾聽完後「要達到的行動」，永遠是簡報要思考的點。而健身教練和江湖術士的差異，就是這裡並不是談「問題解決」，而是有什麼願景能「讓人追隨」。所以一開始的願景就是關鍵，如果能夠勾勒出美好的想像，就能讓聽眾進入你的世界。

舉例來說，如果有一個人想要做一個有啟發性，也能夠讓大家有共鳴的演講，以我亦師亦友的許皓宜心理師一次演講為例子，如何用這個公式講解大量知識創作的過程。

105

▢1 證明自己（分享願景）你的實力／為什麼大家要聽你說？

我是一個大學老師，大家都說寫書不賣錢，只當作家會餓死，但我在這幾年間，剛好出版了十本書，加上了我的線上課程，幾乎就是我本職收入的好幾倍，最近一本書得到了金石堂十大影響力好書，我想，現在書市寒冬，台灣這樣的作家應該沒有幾個。

▢2 達到目標的核心為什麼能夠成為這個樣子？

其實知識創作最重要的，要先找到你的知識風格，但如果你什麼都沒有，那你應該先從模仿開始。因為模仿是讓你能夠最快速變強的方法，只是模仿久了，你會發現自己開始不見了。

③ 遇到的挫折我懂你，我也曾經也有低潮

因為我看到誰都覺得很棒，但我卻沒有看到我自己。所以我都只會說別人的話，當然沒有自己的東西。有次我在鏡子前看見自己，忽然驚覺這個是誰。我發現我的眼神沒有靈魂，很空洞。我都躲在別人的後面，不敢表現自己，那麼怎麼會有能量創作呢？

④ 改變的契機是哪個環節讓我變成現在這樣

後來我才開始重新思考，我應該要更努力的跟我的知識結合。那不是用理論來解釋事情，而是用自己的話來說明理論。這時候你會找到你的知識亮點，你的感官會被打開，你就會發現身邊的事物都是你的素材，你再也不會枯竭，因為看見什麼事情都可以和你的知識連結。

⑤ 改變後的模樣現在的我擁有了什麼

於是，你就會得到一個小題大作的能力，即便是一個很小的點，你都還是可以講出屬於你的觀點。因為風格很獨特，所以聽眾會很想聽你的觀點，了解你的風格，就會有很多喜歡你的人。

⑥ 你如何像我一樣？如何能變成這樣的方法

而知識型的創作怎麼樣做成這樣呢？我以前常常投稿，一開始都會被退，直到遇到了好的編輯，一個字一個字的修改，讓我知道我哪邊寫得不好，哪邊可以讓讀者更理解。所以你不應該閉門造車，而是要先設定一個夢，並且走出去讓更多人來驗證你。

⑦ 證明可行，消除疑慮再度證明這個方法可行，或其他人的見證

所以，那天我的書真的就站上了十大影響力榜單，和斜槓青年、我輩中人、你的孩子不是你的孩子等書列為同等級。那天我看到底下很多出

版同業，有過去不看好我的，退過我稿的，曾經指導過我的。我真的很感謝他們，如果沒有這些人的看見和鞭策，就不會有現在的我。

⑧ 灌輸信念，發起行動在聽眾心中留下好的信念，鼓勵他們行動

所以想要從是知識創作，請你先移除心理障礙，真正的把你的東西和所有人分享。你一定會遇到挫折，但這些也都只是一個過程。因為能夠大量製造知識的人，多是不被情緒綑綁，只知道向前走的人。

好，這就是皓宜姊當天演講的一部份內容，我當下就是被他激勵到了，所以才把這本書努力的寫完（大笑）。所以健身教練的方法，是非常能創造信念，並且創造出一個方向感，讓大家去追隨的。這就是健身教練給我的簡報啟發，非常適合鼓舞聽眾，讓他們追隨。你可以試著套用看看，畢竟實作才是驗證的最好方法，請你設定一個信念，感動你的聽眾吧！

107

健身教練簡報法

秀出肌肉 │ 我就是這個成功的見證

我的改變 │ 以前的我是如何變這樣

灌輸信念 │ 給予信念與行動的方向

05
女神教我的簡報說服

這一課的最後，跟你說說我從我女朋友身上學到的說服方法（平常我都叫她女神）。這章節是平常女神跟我相處的其中兩個方案，我會解釋其中的應用方法。

有一次我們在討論現在的吹風機為什麼這麼貴，一隻要七八千塊。接著她跟我說，其實某牌吸塵器廠商有出吹風機，價格要一萬多塊。我當下驚為天人，覺得那幹嘛不買吸塵器就好了？

接著她問我，你一天要吹幾次頭髮？我說二次，她說她是一至二次，這樣我們兩個加起來算三次就好。那你一天要吸幾次地板啊？我沉默一下，畢竟我這麼懶惰，實在不太吸地板啊……。她接著說：「我一個禮拜大概吸兩次地板，你看，買一台吹風機用一天，就抵得上一台吸塵器一個禮拜的使用量，不覺得很划算嗎？」

在這個當下，我忽然覺得真的欸，馬上就被說服了。在這邊女神很好的利用了對比法加上量化法，將兩邊的使用情境量化，並且比較出使用的次數，讓我瞬間覺得花一樣的錢，好像真的買吹風機是很划算的。

量化法是一個非常重要的法則，有很多不同的應用情境。女神做的就是把所有的東西量化後放在一起比較。這個方法非常適用當你買不下手大金額物品時，就可以把它的金額除以使用天數，並且跟別的東西比較。

舉例來說，有些保險公司會告訴你，每天一杯咖啡的錢，保障你的健康。但這個錢真正算起來，是70×30天，也就是2100元，其實並不是小數目。但當他用了這個方法後，你就會覺得這個錢好像也還好。

所以下次遇到有人跟你說，一天只要多付多少元的時候，記得要想想你一次付的錢，不然其實以一隻手機用兩年的情境，只要一天付60元，人人都可以使用最新款的iphone對吧。

另外，量化的用法中，也可以表現在平常買東西的時刻。如果你仔細觀察，很多大金額的物品都會告訴你省下多少，而小金額的物品都會告訴你打了幾折，這也是很有趣的道理。

如果你買了一個60元的東西，打九折跟省6塊，九折就看起來很吸引人。而如果你買一個60000元的東西，打九折跟省6000塊，6000塊就看起來非常吸引人。所以如果你的簡報中有許多這樣的數字，建議你可以用不同的量化標準來讓聽眾買單。

例如說，二十天就能出貨，我可以說三周。我們的產品經過一天的熬

煮，我可能會改成24小時的熬煮。三天可以好，我會說後天給你。這些可能聽起來沒有差很多，但如果是結婚，你說愛情長跑十年，跟3600天的堅持，這兩個聽起來的對比感就差非常非常多了。

另外談談我覺得很有趣的一個點，有一次我身體很不舒服，女神很認真的跟我說不要再熬夜，也不要弄這麼多事情讓自己壓力這麼大。於是我就不斷跟她說我做這些事情的理由。

後來她問我，如果這些都做完了，但健康卻沒了，你覺得這是你要的生活嗎？如果我們之後結婚了，結果你的身體垮了，你要我照顧你一輩子嗎？如果你忽然去了，保險金還沒簽到我名下，這樣你甘心嗎？

她這樣一問，忽然間我不知道該怎麼反駁，我在心中想像了這些事情的模樣，覺得聽起來蠻可怕的。不過我也因此靈光一閃，原來好幾個連續的問題能夠促使對方思考，並且落入一個可能的情境之中。

而如果你有發現，有很多講者在簡報的時候，都是由問題開場的。他們不是馬上告訴你答案，而是讓你的腦海裡浮現出答案。這就是我從女神身上學到的：**先問問題，讓聽眾自己得到答案。**

舉例來說，我要告訴大家簡報很重要，我不是一開始就說簡報有多重要，而是問一個問題。如果今天在公司裡，主管忽然需要有人在明天的會議上報告。結果你沒有接，讓隔壁那個比較資淺的人接了。隔天會議時，聽說他表現得非常的好，還讓總經理誇獎了一番。那麼問題來了，你覺得到年底升遷考核的時候，你跟他誰更有機會呢？

這時候大家就會開始思考，對耶，感覺好像會簡報的人更有機會被看見。所以我就可以繼續往下延伸我要說的概念了。當你不知道怎麼開頭的時候，建議大家可以使用幾個好提問，讓聽眾思考那些可能會發生的情境，就更能夠讓他們代入這個感覺。

這邊沾光一下，大家有機會可以看一下簡報班學員，也是好友蔡宗翰的TED影片《破解火場逃生的三個迷思》。大約50秒左右，他就問了三個問題，讓大家短時間內發現自己的認知是錯的，進而對正確的方式產生好奇，而這就是問句的力量。

當你要使用提問法的時候，你可以問現場聽眾這樣的問題：

1 **結果（一個情境）→這是你要的嗎？**

例：老了之後，你的身邊沒有人，每一個人都只是要你的錢，這是你要的嗎？

2 **選擇（一個選擇）→你會這樣做嗎？**

例：如果今天你不缺錢，你還會繼續工作嗎？

3 **情緒（一個情境）→你不會覺得（情緒）嗎？**

例：當你看見這麼多兒童被這樣對待，你不會覺得生氣嗎？

111

女神教的簡報術

量化數據

將所有的事物數字化
能夠更好被比較

提問引導

藉由連續提問的方法
引導聽眾思考答案

112

>> 思考題

1 找出最近你的一個簡報情境。

2 怎麼樣用量化來說服你的聽眾？

3 如何設計出答案，讓你的聽眾進入情境呢？

LESSON

4

簡報的圖像設計

01
畫面的基礎三原則

前　面跟你分享簡報的架構面，這一課要跟你分享視覺設計的呈現。

很多人一想到投影片的視覺設計就頭痛，我想這是因為大家看過美麗的投影片實在是太多，總會希望自己可以做成設計師的樣子。但如果請你回想看過最美的投影片是如何，你可能會發現你只會記得一個感覺，甚至只是對方說明的內容，而不是投影片本身。

我還是認為簡報的視覺設計並不是要讓投影片看起來非常的厲害，而是當你在分享你的內容時，聽眾能夠透過投影片更了解你的內容。甚至你也能從投影片得到提示，把內容說給對方聽。

在這一課中，我可能沒辦法跟你分享美麗的視覺設計，但我可以跟你分享怎麼樣用快速的方法做出堪用、效果也還不錯的簡報畫面。畢竟我老實

說，我的美感連我自己都會害怕，因為我根本沒有美感可言（大笑）。

　　只是我自己簡報這麼多次後，我發現畫面的美感當然很重要，但並不是最重要的事。重要的還是能夠藉由畫面上的設計，讓聽眾可以快速並正確的理解資訊。所以我這邊先說一下幾個非常萬用的心法，他們分別是：**版面一致，內容對齊，畫面留白**。

❤ 版面一致

　　很多人設計簡報時都會使用模板，就是因為模板看起來是非常一致的。而一致性這件事情整體來說體現在三個地方：**顏色、文字、圖片**。這三者為什麼重要？大家不妨回想一下長輩圖，五顏六色的文字與顏色，不同的字型，有時搭配上無法理解邏輯的圖片，畫面之所以不協調舒適，就是因為破壞了這個規則。

115

　　所以建議大家，在開始思考一份簡報的時候，先定基礎調性。也就是在整份簡報中，你會想用什麼樣的顏色。如果你的公司或組織有LOGO或企業識別色，那非常建議你直接使用。例如可口可樂你會想到紅色和白色，百事可樂你會想到藍色和白色。

　　如果沒有，建議你可以選擇兩個對比色，搭配黑白灰的組合。我自己對於顏色不太在行，所以直接選了黑色和白色，而如果你想要找好看的對比色，我會推薦你去HELLO COLOR這個網站看看，你可以透過不斷的點擊來找到你喜歡的顏色。

文字部分，最重要的就是字型的一致性。老實說我實在不是字型的專業，不過在考慮字型的時候，通常是從使用情境去判斷，在一般萬用的情況下，黑體是好選擇。因為黑體沒有個性，所以在每一個地方表現都中規中矩，無論你是用微軟正黑體、思源黑體、儷黑體都行。

而我不建議的字型則是新細明體或各式娃娃體。前者是因為當簡報放大的時候，新細明體沒辦法襯托出字的氣勢。而娃娃體是因為通常在簡報場合中，通常會被覺得不太正式。

最後圖片的部分，由於我最常用的圖都是ICON（扁平化圖示），它本身就有很強的一致性。

116

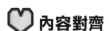 **內容對齊**

對齊非常容易，我們直接來看例子你就明白了：

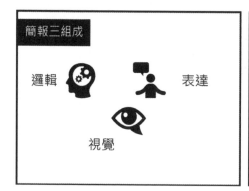 

在人的習慣中，對齊是非常重要的事，如果你能夠掌握好對齊，版面就會乾淨許多。而我覺得人們比較習慣的概念有三個，分別是置中對齊，靠左對齊，等距對齊。置中對齊很常應用在標題頁或是結論頁，例如：

117

靠左對齊則非常適合用在多行文字中，例如：

等距對齊則是適用於多圖像或不同概念，例如這樣：

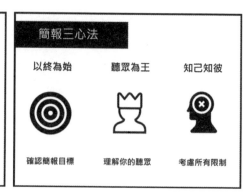

　　最後要說的是留白，這個概念非常簡單，你只要思考怎麼樣讓讀者有呼吸的機會就好。舉例來說，很多人喜歡把整個投影片塞滿，例如下方左圖這個模樣。這時候你就會覺得整個畫面看起來很多東西，進而影響觀看的意願。所以在版面設計中，重點就是讓讀者覺得畫面還有很多「喘氣」的空間。所以你可以只放重點，剩下改用口述，例如下方右圖。

　　我認為，投影片上「少就是多」，當一個畫面有越多東西，聽眾越搞不懂你要說的重點是什麼。而且當你的東西太多的時候，反而聽眾容易拿上面的資料來質疑你。與其這樣，不如在投影片上放上幾個重點就好，而其他都用口述補充。不但能夠讓聽眾感受到你的投影片非常乾淨，而且因為你不是看著投影片說話，反而感覺更親切與專業。

　　要注意的是，留白不太適用於有圖片的投影片，如果你有使用圖片的話，把圖片直接放到最大，加上字反而會有更好的效果，例如：

　　複習一下吧，這一節希望你記得投影片的幾個設計原則：版面一致，內容對齊，畫面留白，並且遇到圖片時把它放大。你可以拿這幾個概念來檢視你的投影片設計。下一節開始，要跟你分享我常用的快速投影片設計方案，希望對你有所幫助。

畫面三原則

一致 版面基礎調性一致，更能集中注意

對齊 讓畫面看起來整齊，簡報清爽乾淨

留白 不要塞滿全部畫面，讓聽眾能呼吸

02
點：畫面從重點開始

在 接下來的章節中，跟你分享我的快速投影片技巧：**點、線、面**。還是要再強調一次，這是希望透過簡單的技巧，讓你能夠快速上手，不是能夠讓你成為強大的簡報設計師。

第一個分享的概念叫做點。在講之前，想請你回憶一下office和mac的兩個投影片軟體，分別叫做什麼名字呢？

你可能在想，這兩個軟體跟我要說的有什麼關聯？其實我覺得這兩個軟體名稱已經傳遞給你投影片的核心，一個是power point，另一個則是keynote。前者告訴你上面只要放有力的點就好，而後者告訴你只要keynote，而不是複數的keynotes。

從這兩個軟體名稱的意義來想，就不難懂為什麼有很多人的投影片一旦

一旦投影片上的字超級多，資訊馬上就變成了雜訊，例如：

最簡單的方法就是維持畫面的乾淨
當你把所有的字擠在同一頁時
不但看起來非常的擁擠
而且如果這個是很大型的演講
後面的人也看不見放在投影片上面的字

如果是這樣的視覺設計即便是加了空格
你還是會看了想吐
我可以理解有時候沒時間作
但也不要直接複製貼上
這樣會讓人崩潰

所以製作投影片的第一個技巧，其實是摘要。試著去思考當你要講的時候，有什麼是這整張投影片絕對不能刪除的核心？只要把這句話打上去就好，其他其實都是多餘的雜訊。

✕　別做的事：把所有的字打上去

✓　該做的事：只留下需要的重點

那麼很多人會說，如果我的字很多，卻又不太能刪，以我們家澄意文創為例，我可以怎麼做呢？

課程內容

- 聲音表達基礎班
- 聲音表達進階班
- 華語口條訓練班
- 邏輯表達力
- 溝通說明書
- 深度對話
- 故事表達力
- 提問與重點表達訓練
- 心動行銷力
- 高效筆記術
- 簡報策略思維與架構設計
- 忘形流簡報工作坊

你可以把所有文字想像成積木，這是能夠分段呈現的，所以第一步驟是分類，我會分成這幾個類別：

課程內容

聲音訓練
- 聲音表達基礎班
- 聲音表達進階班
- 華語口條訓練班

與人連線
- 深度對話
- 溝通說明書
- 心動行銷力

開口表達
- 故事表達力
- 邏輯表達力
- 提問與重點表達訓練

職場實作
- 高效筆記術
- 簡報策略思維與架構設計
- 忘形流簡報工作坊

接著會建議用一些簡單的魔法，就是調整一下字體的大小。只要把大字當成標題，小字當成內文，就能夠有效區隔，例如這樣：

聲音訓練

聲音表達基礎班
聲音表達進階班
華語口條訓練班

與人連線

深度對話
溝通說明書
心動行銷力

開口表達

故事表達力
邏輯表達力
提問與重點表達訓練

職場實作

高效筆記術
簡報策略思維與架構設計
忘形流簡報工作坊

這樣就算沒有其他的任何設計，也能夠讓聽眾看得清楚。分類，能讓大家很輕鬆的明白你要說的內容。當然最好的辦法，還是分成好幾頁來敘述，畢竟投影片不用錢，一次塞給聽眾太多資訊他們也吃不消。不如就讓聽眾一頁一頁的聽你說吧。

視覺設計的首要之處，就是理解你自己要表達的重點。你會發現當你很明白你要說的事物時，就算只是簡單的文字也可以讓人看得清楚。建議你可以試試看善用「點」，讓你的投影片都是就算字，也可以讓人覺得乾淨且舒服吧。

03
線：最萬用的神奇魔法

前 一節講了點的應用，接著就要跟你分享我最喜歡的畫線大法。

我覺得基本上學會了畫線大法之後，就沒有醜簡報了。而且畫線大法方便又容易，不需要太多特別的美感就能達到。舉例來說，假設你有一個主題要說，裡面的文字很多，你就可以這樣用：

根據英國研究，87%的簡報者在學習畫線大法之後，認為簡報都變得更加簡潔有力，並且有94%的聽眾認為這樣的畫面非常好，認為這樣的呈現方式更好閱讀。受訪者指出這樣的方案簡單易學，不需要特別高的軟體或設計功力，只要掌握基本概念，就能簡單做出好簡報。而反對意見則指稱他們不喜歡簡單的簡報設計，更喜歡套用預設模版，或充滿不同顏色的版面。

英國研究

根據英國研究，87%的簡報者在學習畫線大法之後，認為簡報都變得更加簡潔有力，並且有94%的聽眾認為這樣的畫面非常好，認為這樣的呈現方式更好閱讀。受訪者指出這樣的方案簡單易學，不需要特別高的軟體或設計功力，只要掌握基本概念，就能簡單做出好簡報。而反對意見則指稱他們不喜歡簡單的簡報設計，更喜歡套用預設模版，或充滿不同顏色的版面。

怎麼樣呢？（這兩者只差了一條線而已）其實做法只要插入一條線，接著調整粗細度罷了。線條非常好用的原因，是因為它不但能夠做出區隔，也能讓人們產生整齊的感覺。

在這邊我分享三個線條的使用方式，分別是分隔、引導、關聯，請大家注意以下幾個實例。首先是分隔的例子，想一想在看到這張投影片時，你認為要分開什麼呢？

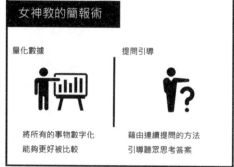

沒錯，就是分開中文和英文，剛剛的標題跟內文也可以這樣區隔。

除了這些，還能區隔左邊跟右邊：

區隔不同主題：

聲音訓練　　與人連線
聲音表達基礎班　深度對話
聲音表達進階班　溝通說明書
華語口條訓練班　心動行銷力

開口表達　　職場實作
故事表達力　　高效筆記術
邏輯表達力　　簡報策略思維與架構設計
提問與重點表達訓練　忘形流簡報工作坊

聲音訓練　　與人連線
聲音表達基礎班　深度對話
聲音表達進階班　溝通說明書
華語口條訓練班　心動行銷力

開口表達　　職場實作
故事表達力　　高效筆記術
邏輯表達力　　簡報策略思維與架構設計
提問與重點表達訓練　忘形流簡報工作坊

區隔圖片和文字：

以終為始

一切的簡報，都有他的目標
不要錯把手段當成目標

如果聽眾在簡報後只做一件事
那件事會是什麼？

以終為始

一切的簡報，都有他的目標
不要錯把手段當成目標

如果聽眾在簡報後只做一件事
那件事會是什麼？

　　當你理解區隔之後，就可以開始應用在引導上。引導主要是為了讓大家注意到你的段落和文字，但又不會像是模板內建那種很多點點的雜亂感。所以建議你可以把線條加粗，放在你要說的文字前面（如下頁）：

今天要討論的事

| 這場簡報的目標是什麼？

| 我們要對那些人簡報？

| 簡報中有哪些限制？

如果線條不是直放，你也能夠凸顯你要講的重點，像是這樣：

不要傳話

我們很難把一個人的觀點，完整地轉告給他人

而且如果對方誤解了，也很難取得本人的解釋。

要是聽者有意，無論怎麼解釋

也都只會讓聽者對另一人產生更多負面的想像

BY：小虎老師

　　所以我建議大家能夠多思考把線條放在前面的引導方法，我自己認為這樣的簡報不但簡單，而且很有質感，只要學會後就能事半功倍。

　　接著分享關聯型的線條，這個比較需要思考，但我想也一定難不倒你。你可以把整張簡報想像成一個數學公式，用線條來引導思考，例如這樣：

沒有具體目標　　　　　　有強大的目標感與野心

對方行動才跟著行動　　　為野心和目標持續努力

常常覺得自己是受害者　　遇到什麼困難都不放棄

個人主義或小團體　　　　有嚴謹的組織規模和行動

愛生氣　　　　　　　　　總是在笑

正義的主角　　　反派角色

最後用畫線大法跟你複習畫線大法的神奇之處：

畫線大法

英國研究

認為畫線大法
好用的簡報者

已達
9487人

帶出標題 ｜ 增加區隔 ｜ 引導重點

　　線條用得好，簡報真的沒煩惱。尤其當你時間很趕，又要馬上生出投影片的時候，用畫線大法能夠力挽狂瀾，讓你的投影片煥然一新。

04
面：讓畫面更有區域性

上 這節要跟你分享的是用幾何圖形來製造畫面的區域。在一般的簡報中，其實只要簡單運用幾何圖形就可以讓畫面更有設計感。

首先是在投影片放兩個我常用的**三角形法**，這個方法的好處是能夠讓你的版面增添一點味道，明明只是多了一個三角形就能加分：

忘形流簡報工作坊

用簡報說故事的心法與技術

忘形流簡報工作坊

用簡報說故事的心法與技術

同樣使用三角形，換個方向就能夠做出一些應用：

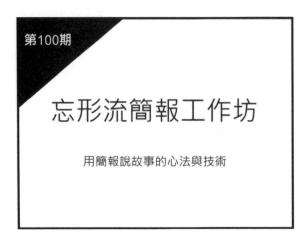

接著是**四邊形法**，我覺得四邊形是最萬用的解法了，你可以把它放成標題與內文，像是這個感覺：

以這個概念來說，足以處理大部分的簡易簡報需求，而如果你喜歡版面多一點不同的話，你可以將四邊形加上對比色運用，例如這個感覺：

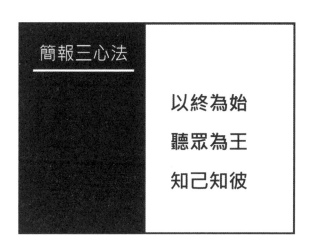

對了，如果想做出有質感的封面，我個人非常推薦使用**梯形法**。梯形在區域上會給人一種莫名的美感，如果你把照片加上梯形，就能夠成為一張簡單的封面或宣傳海報，像是這樣：

另外，如果把四邊形的中間挖空，就能夠成為一個框。框和面的交互使用是簡報中質感的很大關鍵。你可以用這樣的方法填補簡報的空缺：

忘形流簡報工作坊

用簡報說故事的心法與技術

我自己常用的是**圓弧形的框**，這個框只要簡單上色，就可以做成標題頁：

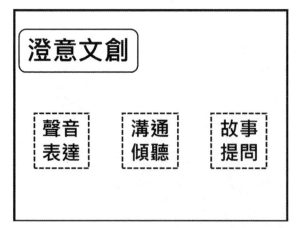

澄意文創

聲音表達　溝通傾聽　故事提問

　　還有一個我很喜歡的做法，就是先把框的裡面變成透明。接著再做出一個與底色相同的色塊。最後在上面打字就能夠做出另一種效果，以下有分解圖給你參考：

忘形流簡報工作坊

Step 1

忘形流簡報工作坊

Step 2

忘形流簡報工作坊

Step 3

忘形流簡報工作坊

用簡報說故事的心法與技術

Step 4

最後是**多邊形和圓形**運用，多邊形可以用一個像花一樣的展開模式：

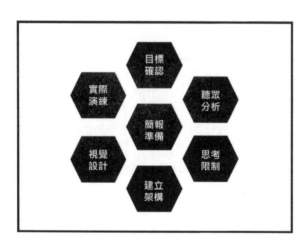

圓形的話還可以把它用在畫面邊緣，製造出一個額外的區塊，例如這樣：

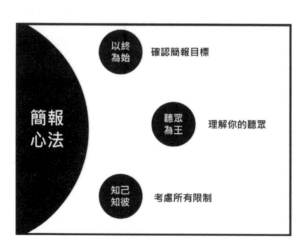

最後，如果你跟我一樣喜歡ICON的展現，一樣可以用框框來框住
ICON，製造屬於自己的美感：

這一節最重要的是讓你能夠簡單的製作投影片。只要掌握三個原則與點
線面之後，就算沒有任何其他的圖片，你也能節省時間用這些簡單的方法
快速製作出投影片。

05
合：忘形常用的簡報版型

在 這課的最後一節，直接跟你分享我常用的版型。一句話配一張圖的
忘形流當然是最常見的：

嗨，我是忘形

不過不是每個時刻都能用忘形流，所以如果只有一個重點，我會這樣放：

而如果是兩個重點需要說明，我會分開來說，像是這樣：

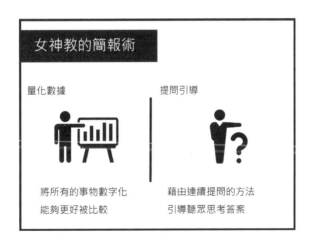

如果需要對比來整理重點，用對比色是很棒的選擇：

三個重點的話，前面應該看到好多次了：

四個或以上重點，我最喜歡的是這個模樣：

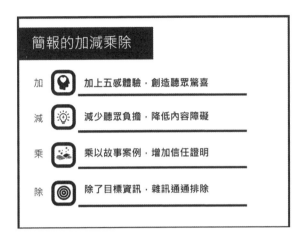

141

而我更喜歡的是分類，所以我很常用四象限的方法來說明，像是這樣：

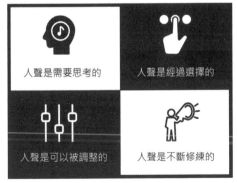

如果需要敘述和說明，而且一定要放圖片的話，我通常有兩個做法，一種是一半圖一半字的半圖文解法；另一種則是把整個圖片放大，加上透明色塊後的解法：

最後是我跟50嵐menu偷學的排版模樣，當作複習給你參考：

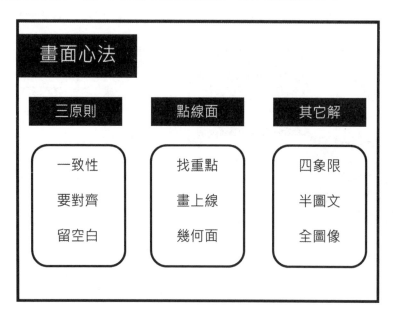

LESSON

5

可能用得上的想法與提醒

01
如何面對緊張

我 在簡報課最常被問到的就是如何克服緊張了。這時候我都想回答「不要緊張就好啦～」但怎麼可能做得到，即便是常常簡報的我，每次上台的頭幾分鐘，我的手腳還是常不聽使喚啊！畢竟緊張是人的生物本能，當我們遇到巨大壓力，存在我們血液裡的戰鬥模式就會啟動。

關於克服緊張，小虎老師的看法很棒，他常說，我們能做的，其實是把好緊張，變成好的緊張。會這麼說是因為，消除緊張最簡單的關鍵還是大量練習。以下跟你分享我的心法和方案，讓你的練習能有跡可循。

相信、利他、感謝

第一個心法叫做「**相信**」。這聽起來很弱，但我認為它其實是簡報中最

重要的事。很多人在講自己的東西時，我想也許他是不相信自己所講的話的，即便他講得慷慨激昂，口沫橫飛，但我常常還是能從他的話語中感受到不真實。

如果你有機會接觸到有信仰的朋友，無論他的宗教為何，當他跟你介紹他的神時，一定是充滿著狂熱、崇拜和欣喜。如果你能理解這種感覺，你就知道相信的重要性了。

當連自己都不相信自己所說的話時，我們會有很大的專注力放在「這樣講好嗎？」「大家怎麼看我？」甚至是「會不會被發現？」而當你把專注力都放在這些質疑上的時候，自然不能好好講話了。

相對的，當你能夠專注在自己相信的內容之中，我想你就能夠講得非常順暢。這個心法也和下一個心法有關：**利他**。

145

有一次，我聽吳育宏老師在簡報小聚分享時說：在簡報的時候，你覺得誰是主角，是你還是聽眾？如果你認為聽眾是主角，你的內容對他們很有用，那麼你幹嘛緊張呢？

還記得第一課說的聽眾為王嗎？我想傳達的其實就是這個概念，吳育宏老師用聽眾是主角的觀點進一步說明克服緊張，真是更加精妙的詮釋——你的簡報是為什麼而存在的呢？如果你相信你的簡報能夠讓聽眾變得更好，那麼你又何必緊張呢，因為你要講的東西是能夠讓對方變得更好的內容啊。

當人把專注力放在自己的表現好壞與否時，自然就會緊張。但如果把專注力放在有沒有讓聽眾聽懂，能不能讓他們有更好的理解，那麼你會發現

緊張感很快就消失了，取而代之的是，我們會不斷思考要怎麼樣才能讓聽眾吸收更多，自然也就沒精神去緊張了。

所以不要把焦點放在自己身上，而是放在聽眾身上。不要把焦點放在他們給你打幾分，而是對方聽完後能夠得到幾分。不是把焦點放在表現，而是放在聽眾能不能理解。能做到這樣的狀態後，就能接到下一個心法：**感謝**。

簡報開始前，我們都要事先到場準備，當你把該測試的東西測試完後沒事做了，是不是就開始緊張了呢？我自己是常常因為這樣而感到緊張，所以總是要找點事做，於是我找到了一件事，那就是和所有事物說謝謝。

當我在演講或教學，除了提早到場準備，我會先跟遇到的每個人說聲感謝，無論是接洽窗口、工作人員、現場聽眾或同學等等。這應該不難理解，就是感謝大家來到這邊。但接著我會跟桌子椅子，投影機投影幕，電腦和設備等等說聲謝謝。

這聽起來超級奇怪的，不過也因為如此，常常都會被工作人員關心是不是需要幫忙。但其實我只是想讓我的心中充斥著對於朋友的感謝，而不是對於敵人的警戒。很多時候，我們總在上台前感到如臨大敵，就是把現場的人事物當成敵人在對抗，但現場根本就沒有敵人，只有等待我們的朋友。

也許你會說，如果我是跟老師、教授、老闆、客戶、廠商報告，我要怎麼樣把他們當朋友呢？他們總是會打斷我，或是問一些我回答不出來的問題，這樣怎麼會是朋友呢？

你可以想想，當你把對方當敵人的時候，是不是對方問什麼問題你都覺

得是在找碴？例如老闆說，你寫的我真的看不懂。你是不是腦中第一個想法是，老闆又要刁難我了？

如果你的腦中浮現這樣的想法，你就很容易跟老闆生氣或是起爭執。但如果是你的好朋友問你這個問題，你還會覺得是在找碴嗎？所以無論老闆是不是找碴，我都會耐心解釋，並且和他討論。

我一直覺得帶著感謝的心，並且保持開放，在簡報的時候無論是被問問題，甚至是被打斷，都能夠從容而且游刃有餘的應對，也會讓對方覺得我們很有誠意和認真。

如何面對緊張

相信 ▎相信自己的東西真的很棒

利他 ▎主角不是講者，而是聽眾

感謝 ▎帶著感謝，聽眾不是敵人

♡ 開場白、順呼吸

　　如果你過幾天就要上台了，要讓自己更不緊張一些，我會建議你練兩樣東西，分別是開場白與呼吸。

　　所謂的開場白非常簡單，可能只是幾句話，短的可以只是「大家好，我是忘形」。長的可能可以是「感謝大家來到這邊，一起保有一個愉快的學習時段，等等三小時的時間中，希望能夠帶給大家一些不同的思考。」這兩句話看似平常，但我大概練了有幾千次，因為通常一上台最害怕的就是腦袋一片空白。

　　如果你上台後的前兩句話非常順，你的大腦就會告訴你一切都好，於是講後面的話就會更順利了。所以我都說開場白的概念是一種定心丸，能夠讓你的心安定下來，專注在你之後要說的東西。

　　呼吸的概念用文字不太好解釋，你可以記得一個觀念，就是不要憋氣。你一定聽過人說，上台前深呼吸就不緊張了。但記得，吸完氣一定要吐氣，很多人都是上台前深吸不吐氣，於是上台就憋著一口氣。

　　你可以試試看講話都不要換氣，你就會發現講話速度會越來越快，因為我們沒有辦法自在的呼吸。而講完一長串話後要大口吸氣一次，接著速度就越說越快。有些人常說上台會頭暈，那通常是因為緊張加上憋氣造成的。

　　要改變這個問題非常簡單，那就是上台後請先把你深吸的那一口氣吐掉一半，確保你的呼吸和平常一樣自然。並且給自己一些提醒，檢查一下自己有沒有在憋氣。

改掉上台憋氣的習慣不太容易，想克服緊張的人要記得多練習呼吸。我也時常講一講就憋起氣來，語速越來越快。尤其是覺得時間不夠好像講不完的時候，常常會因為不自覺的憋氣讓自己莫名地進入戰鬥狀態。

緊張的兩個練習

開場白

建立一個滾瓜爛熟的開場
讓自己一開場就有安全感

順呼吸

要深呼吸，也要記得吐氣
提醒自己不要憋氣講話

>> 思考題

請設計一個讓自己一上台就能安定下來的開場白，並且用不同的語調、語氣念念看，希望能夠幫你找到你的緊張定心丸。

02
簡報的開頭與結尾

 一節提到了開場白的概念,這一節要更詳細的深談。

在這一節要說的是開頭和結尾的重要。其實如果是五分鐘的簡報,開頭和結尾可能只佔各三十秒,整體來說也就是20%的事情,但就80／20法則來說,這20%絕對會對簡報造成80%的影響。

 開頭

到底怎麼開頭比較好呢?我們來想想一個情境:一個跟你不熟的人,帶著一個你不熟悉的品牌,一上台馬上開始介紹產品規格,你是不是就感覺興趣缺缺了呢?但如果是一個你很想擁有的品牌,他一上台就開始自我介紹,講了十分鐘,你是不是會覺得這人講這麼久幹嘛?我要聽的是產品介紹啊!

　　簡報之所以難，在於如何一開始就打進聽眾的心，讓對方願意聽下去。對此，我必須說，這沒有正確答案，這邊提供一些想法給你參考：

1 **今天的主題是什麼？**
2 **你是誰？**
3 **能夠對他帶來什麼好處？**

　　以這個想法的概念為藍本，你就能夠設計出你的開場白，例如：

　　「我是忘形，是澄意文創的溝通表達培訓師。我摸索出了一句話配一張圖的忘形流簡報。到現在製作的三百份簡報中，幾乎每篇都平均都突破百次分享，單篇分享最高超過五萬，也讓粉絲專頁累積超過十二萬人。因此我相信好的東西，就需要好的傳播載體。今天我想教大家做出簡單又容易被分享的簡報，讓你的聲音被人聽見。」

　　在這樣的例子中，我就說明了我是誰、我帶來什麼主題、能為大家帶來什麼好處。如果我是個研發人員，我大概會這樣說：

　　「我是忘形，是得意公司的資深工程師。我研究簡報筆超過十年，發現簡報筆其實不需要厲害的功能，而是需要穩定的連線能力。所以今天要來跟大家分享的是簡報筆的連線速率如何被提高，能有更良好的品質。」

　　也許你會問我，如果沒有強大的經歷和背景，那又該怎麼辦呢？沒關係，這邊有個非常好用的方法，叫做自爆。自爆的概念就是，直接把大家的疑慮提出來，並且用一個問句引導出你要說的主題，例如：

151

「我是忘形，其實我到現在為止，也才從事講師工作一年。而你可能很好奇，才教學一年的我為什麼可以在這邊跟你分享？而這就是我今天要來跟大家分享的原因，讓大家知道其實溝通只要搞定幾個原則，就不用每天跟別人爭執……」

總之，開場白的重點就是讓大家知道你是誰，接著我們做這三件事情來解除聽眾的疑慮：

1 我是誰：為什麼是我講？
2 說什麼：我今天帶來什麼主題？
3 好處是：這件事情能為大家帶來什麼好處？

有了這樣的概念後，相信你就能夠理解開場白了。而中間的內容你可以參考前幾課的說法。

開場白方案

你是誰	為什麼今天由你來講這個主題？
說什麼	你今天在這個主題上想講什麼？
好處是	聽眾聽你說完後，能得到什麼？

結尾

　　很多人常常忽略結尾的重要性，尤其許多人都是說聲謝謝就結束簡報了，真的很可惜。我希望你可以試著想想看，簡報完後想要讓對方留下什麼？舉例三個概念給你參考：

1 **資料複習**
2 **感性訴求**
3 **行動呼籲**

　　首先，把你剛剛說的重點用一頁簡報來呈現，讓對方加深印象。你不用再講一次案例、故事或概念，只要重新提一次結論，讓大家印象深刻就好。例如你可以先說：

「最後，回顧今天說的服務三個重點，面對面服務是……」

　　如果可以的話，儘量在結尾投放一些情緒，例如我在表揚業績，那我就會放進一些「希望」的情緒。而如果是在講募款，那我可能要放進一些「感性」的情緒。以「希望」來說，我可能會說：

「產品誰賣都可以，但不是每一個人都跟我們單位一樣重視面對面的接觸。」

　　最後，就是用大家有感覺，並且容易記憶的方法來讓大家留下印象。例如：

「用面對面服務，拜訪優質老客戶，推薦潛在新客戶。」

153

```
┌─────────────────────────────────────┐
│  ████████████████                   │
│  █  結尾方案  █                      │
│  ████████████████                   │
│                                     │
│  資料複習 ▌幫聽眾回顧今天所講的重點   │
│                                     │
│  感性訴求 ▌在聽眾心中留下情緒或感動   │
│                                     │
│  行動呼籲 ▌推聽眾一把，讓他們動起來   │
│                                     │
└─────────────────────────────────────┘
```

　　結尾用一個簡短行動，讓大家留下深刻的印象來結束這回合，能夠為整體簡報加分不少。不過要注意的是，我覺得最糟糕的結尾可能不是說得不好，而是如果有用投影片，很多人會使用一些慣性的結尾頁。例如「謝謝聆聽」、「謝謝指教」、「thank you for listening」等等。

　　然而，因為很多時候簡報後就是交流和提問時間，你的結尾頁可能會在投影幕上出現非常久，但上面卻沒有任何一點關鍵訊息，或是引導人行動的概念，這樣真的非常可惜。所以如果可以，你可以想想簡報結束後，你想留下什麼印象或Slogan，讓對方能夠把一個簡短又有力的句子放進腦袋。

　　這一節說了開場跟結尾的方案，就是希望你明白，開頭如果能夠破除防禦系統，好的第一印象建立起來後，中間要講的內容對方就會更願意吸

收。而在接收了非常多的概念後，如果後面有個快速收斂，或留下情感意義的結尾，簡報就絕對大加分啦。最後幫你做個複習：

1 開場記得告訴大家，你是誰，為什麼是你，你帶來什麼，對他有什麼好處？

2 自爆：如果你的身分存在疑慮，記得想辦法把它轉換為優勢，先拿出來提。

3 結尾的三個思考方向：幫聽眾複習，留下情緒，發起行動。

03
會議報告的參考方案

很 多人的簡報情境通常是在會議上，你要報告很多東西，而且時間非常有限，那麼該怎麼辦呢？

這邊要特別說一下，很多人常常覺得報告就是要把所有的資訊通通放上去，並且把上面的資料通通講解一遍。相信你也一定常常在公司看到這樣的簡報，上面有非常多的圖表、資料，甚至是密密麻麻的試算表和數字。

接著你會看到講解的人非常認真，把投影片裡出現的資訊都念過一輪，但你也會發現大家都很認真地盯著手機和電腦處理公事，這就是走一個過場罷了。通常認真聽的都是老闆們，但因為時間太少，資料太多，所以就算大家問問題，還是會問之前講過的事情，於是很多講者就此失去耐心，覺得這些人有沒有在認真聽自己講話啊！

其實在這種會議形式的簡報中，最常看到的問題就是訊息太多。一般人根本沒有辦法處理這麼大量的訊息，尤其只有投影片作為輔助，而且很可能是字密密麻麻完全看不到的情況下，此時即便我們說了，能夠轉換到人腦吸收的可能也不到10%。

所以很多朋友常問我，會議報告該怎麼辦才好？其實我覺得這就要回到第一堂課說的簡報心法來檢核：以終為始，聽眾為王，知己知彼。在以終為始裡，你會不斷問自己這次會議的目標到底是什麼？而在聽眾為王時，你會問自己今天這場會議的關鍵人物是誰？而在知己知彼中，你會問自己有多少時間，哪些資訊即便我說了，在場的人也可能聽不懂。

透過「以終為始，聽眾為王，知己知彼」的檢核，你就能慢慢的問出重要的事情是什麼。以下整理出我常常在課堂上遇到的問題，也許可以當成你篩選內容的參考：

157

1 宣達：常見的對錯
2 內部提案：問題與改進
3 年／季／月報：資訊與觀點

♥ 宣達

首先，當你要在會議上宣達事情，但有很多事情要說，該怎麼辦？舉例來說，曾經有擔任採購的同學來上課，他們不斷卡住的點就是法規真的很多，該怎麼做才可以在二十分鐘內講完所有法規呢？

以前同學的做法是這樣的，他把所有的法規通通放上去，然後開始照念。但你用想像的也知道，這一點用也沒有，每次都幾乎在浪費時間。於是我問他，在法規裡有沒有大家很常犯的錯誤，還有根本很少碰的錯呢？他舉了好幾個常見的錯誤，例如核銷單格式、廠商給的單據發票、核銷的科目等等。於是我請他只重點講這幾件事情，並且用了第二課說到的對比法：正確的單據是怎麼樣 vs. 錯誤的單據是怎麼樣。

一樣是二十分鐘，雖然他分享的內容變少了，可能只分享了核銷單的格式、正確的發票單據、買多少錢的東西需要找三間廠商比價等等。但當他開始使用這個方法之後，他跟我說雖然還是常常遇到搞不清楚的人，但至少在這幾件東西上錯誤率大幅降低。

所以如果你的會議時間真的非常少，宣達事項只要找到最常見的即可，其他的事情就不要花費太多時間了。

❤️ 內部提案

我遇到很多朋友在內部提案時會直接提出某個解法，接著很認真的說明這個解決方案該怎麼執行。這就好比說，我的公司經營教育訓練，一到會議時間，我就告訴老闆們要用什麼會員系統，要怎麼用電話開發等等。但其實很可能除了我以外，沒有人知道發生了什麼事。於是在我講完後，全部的人看著我，問我幹嘛忽然講這個。

在內部提案中，我會建議用第二課提到的WHY→WHAT→HOW來進行。我們可以在前面加上一個「主題」，並把WHY換成是我們遇到的狀

況，WHAT是思考的方案，HOW是執行的計畫與步驟，也就是：

主題→WHY（問題狀況）→WHAT（預計方案）→HOW（計畫步驟）

舉例來說，假設剛剛說的會員系統、電話開發等等，是我想要提出的增加學員報名的做法，那麼我會這樣提案：

1 **主題：使用社群軟體提升開班率的方案**
2 **問題：現今的行銷遇到了什麼問題**
3 **解法：預計使用某軟體來增加效果**
4 **計畫：用幾天的時間，投入多少資源，人力怎麼配合等**

在這樣的情況中，大家就會明白現在的問題是什麼，為什麼需要改變，要怎麼樣改變，大家該怎麼配合等等。在提案的時候邏輯也會更清楚，成功率更高。

♥ 年／季／月報

最後要講到的就是我最害怕的，那就是各種年度，季度，月度報告。因為這通常會變成念稿圖表大賽，我總會在這些場合上，看到密密麻麻的圖表和表格，而如果座位在後面一點，可能完全看不清楚。

回到簡報三心法，用以終為始來看，我想這些會議的目的其實不是要你提供整理的資料，而是這些資料能夠說明什麼。而聽眾為王的部分，要看是誰主持這次的會議，他重視什麼。最後知己知彼，當然還是思考其他人

和你工作上的專業認知差距了。

　　這樣說聽起來很難，我想請大家把握一個原則，那就是在你講完每一個圖表後，最好後面都放一張總結與解釋頁。因為重點根本不是這些圖表資料，而是這些資料能夠做什麼。當大家聽完你對於圖表的解釋後，直接說明你推出來的結論和行動是什麼，就不會讓大家一頭霧水了。

　　當然，每個公司和會議都有不同的文化和目標，這裡只是提供一個我常用而且覺得非常有效的心法，當你發現會議常常卡住的時候，你可以考慮試試看這樣的模式。幫你做個總結。

① 宣達事項：只說常見的對錯，其他事項建議發資料解決，加深一部分的印象遠比說了一大堆，卻沒東西記得來的好許多。

② 內部提案：一句話說明這次的主題，清楚敘述遇到的情況和問題，分享你的分析和資料來源，接著提出可行的行動方案。

③ 年／季／月報：不要再只放圖表了，記得要附上你的結論和觀點。

會議思考

宣達事項┃只說常見對錯，其他給資料

內部提案┃敘述問題，提出分析與方案

例行報告┃除了圖表，要有結論與觀點

04
銷售不要做這些事

不知道你有沒有遇過這樣的銷售簡報，舉健康食品的例子好了。講者一開始就瘋狂的告訴你他的產品有多麼棒，得了多少獎，有多少人愛用，所有材料都是一時之選，而且效果多強，雖然是健康食品卻可以預防很多疾病，提升免疫力什麼的。

當你聽到這樣的銷售簡報時，我不知道你是會覺得遇到了仙丹，還是開始翻白眼，我自己是後者啦，每次遇到這樣的銷售我都只有一種感覺：你的眼裡根本沒有聽眾，只有產品跟錢。

可能因為我是溝通表達的培訓師，所以我認為簡報其實就是溝通。然而，通常這種模式的銷售都不是在溝通，而是嘗試說服你他的產品有多麼的好。但如果他眼中沒有你，又怎麼知道你適不適合這個產品呢？

　　我們一樣回到簡報的三個心法，以終為始當然是賣出這個產品，而聽眾為王，我們多思考一層，就是他為什麼要買？曾經聽過一個很有趣的問題，拿著一把草和一籃黃金給小明選，為什麼小明選了草？因為小明是一頭牛，他對黃金沒興趣。

　　我想說的是，我們不是賣了產品給客戶，而是讓客戶帶一個美好想像或解決方案回去。之所以這麼做是因為在你與他的生活產生連結之前，無論你的產品再好，他都是不會買單的。

　　不過，如果我來談業務或銷售就逾越本行了，我主要想跟你分享的是，如果你的簡報是銷售的概念類型，例如去提案，或是說明一個新的產品，提供一個新的促銷方案等等，有三個點你可以參考：

1 **千萬別先介紹公司，自己和產品**
2 **別只站在自己的立場解釋產品**
3 **別用專有名詞開場**

　　首先第一個點應該大家都很明白，但即便明白，大家還是會常常犯這個錯誤。我記得有一次去MJ老師那邊上《超級數字力》課程，MJ老師是非常厲害的老師，但他的自我介紹大概只有幾句話。他說，我是MJ，跟我的名字有關，你也可以記成Michael Jordan（知名前NBA球星）。

　　我當時很納悶，他的自我介紹也太短了吧！後來才發現，如果你的名氣真的足夠好，那麼根本就不需要介紹。而如果你的名氣不大，那麼就算介紹的再多可能效果也不太好。這麼說，並不是要大家完全不介紹，而是「不要急著先介紹」，因為我時常遇到其實講的東西很好，但前面五分鐘的

公司或自我介紹就直接讓人沒有想聽下去的意願，非常可惜。

再來是不要只站在自我的角度解釋事情，這一點不只是在銷售上，也是溝通中很重要的一環。雖然銷售很可能是為了賣你東西、賺你錢，但即便不是為了把東西賣給你，而是真心為你好的情況，只要不是站在你的立場考慮，也會讓你反彈。

不知道你有沒有曾經被逼著吃下討厭的食物的經驗，拿我來說，我其實是個很不喜歡吃水果的人，但我老媽總用各種方式來讓我接受這個吃水果的好意。她會跟我說哪個醫生說吃水果很好，或是什麼水果有好的維生素，甚至吃什麼水果可以抗癌。

當她強力的跟我推薦，但我還是拒絕的時候，她就會開始說我身上有什麼病痛、過敏等等可能都是因為我挑食才造成的。當然現在的我會乖乖聽她跟我說，但以前的我可是會直接跟媽媽吵架的。

你大概會覺得我是身在福中不知福，我當然知道她的好意和愛我的心啊，但其實在那一刻我感受到的是一種不被尊重的感受，這同樣也是沒有被放在眼裡的感覺。

你看，即便是真心愛你，關心你的人，對你強迫推銷的時候都會生氣了，更何況是普通朋友，甚至是素昧平生的陌生人呢？所以我認為在簡報的過程中，有很大的一部分是尊重，甚至要讓你的聽眾直接感受到你的重視。

舉例來說，我曾經聽過有銷售在分享的時候這樣說：

「相信在場的大家，都覺得健康很重要吧，我們的產品真的很棒，能讓你健康的瘦。」

當然這句話沒有什麼問題，只是現場總是有我這種叛逆的人，就會覺得健康是滿重要的啦，但這跟你的產品無關吧？

不過也有的銷售除了強調健康的重要，還強調了人與人的連結：

「我剛剛在跟來聽講座的人聊天，發現很多人平常都有熬夜的習慣。想問問在場有熬夜習慣的人可以點點頭嗎？謝謝大家，那麼你們會不會發現熬夜完隔天往往全身痠痛，然後很常需要上廁所……」

他並不是馬上把話題轉到他的產品，而是先關心大家的熬夜問題，並且說明原因，最後才把產品拿出來。這個概念很像第三課說的江湖術士法，大家可以回去看看（第91頁）。

165

最後，請不要用聽眾不理解的專有名詞開場，這個是我最常看到專業人士犯的錯誤。舉例來說，如果有一天你想要買電腦，走進專賣店後，店員了解完你的需求後，他下一句問你：

「你CPU要I5還是I7，比較希望用SSD還是普通的HDD？螢幕要不要考慮換成IPS？」

當然，懂電腦的人就可以馬上了解，但我想不是每一個人都能理解這些專有名詞在說什麼。而有些客戶可能會因為聽不懂但又不敢問，但不懂裝懂的情況又不敢貿然決定，最後可能只會跟你說我再考慮一下。不瞞你說，這就是我在幾年前買電腦的經驗，也許我看起來就一介科技宅，但我

真的是聽不懂他說什麼啊！

好，除了這些不要犯的事情之外，我還特別想說一件事情，那就是不要期待銷售型的簡報能夠讓你講完。對方給你的預計時間可能都是假的，除了可能對方會用提問無情打斷你以外，如果你讓對方提不起興趣，可能他們就會忽然有事要開會去了……。

所以如果可以，一開始的精華應該從對方的問題或願景下手，並且馬上提出可行的方案，等到對方覺得有興趣之後，才開始解釋你的方案和別人方案的差別，或產品的規格等等。

總之銷售型的簡報其實非常困難，也是失敗率最高的。因為客戶其實不在乎你，也不在乎你的產品，但你要讓他們知道你很在乎他們，而你的產品就是為他們而來。

銷售必敗地雷

這很好 | 一見面馬上介紹公司和產品

我很棒 | 只站在自己立場介紹產品

超專業 | 用專有名詞就是專業啊

05
那些來挑戰你的人

在 簡報課上，最常被問到的問題就是這一節的標題，也就是如何回應挑戰性提問。在簡報的時候，聽眾提問其實是一個很難準備，但卻一定會遇到的難題。

這一節也幾乎都是心法概念，不保證一定適用，但這是我自己不斷成長的經驗談。我們要先思考的主要核心，就是我當下的角色是誰，而對方的目的是什麼，而不是我被挑戰了，該怎麼與對方戰鬥。

我想大家的常見情境比較多是被老闆質疑、教授的提問。這時候你會發現你的角色相對來說其實是比較低的，而對方的動機也因為角色而有所不同。但他們通常是想要你確認，這件事情是不是真的可行。

所以最簡單的方案，就是在事前就把對方搞定。以前我發現同事的簡報

常常被主管電，但我的總是輕鬆過關，就是因為我在事前不斷和主管確認報告的方向，有一點進度就馬上回報。最後做出來的報告基本上就是我跟主管討論的結果，所以不管我怎麼樣報告，主管都是點頭。

另外還有一個常用的方法，那就是報告都有根據。每次在報告這些事情的時候，我都會說根據某次的會議紀錄，根據跟主管的Email，根據新法規指示等等。這樣就算對方想質疑你都很難。

不過很多時候我們沒辦法事先和聽眾討論，那我的建議做法會是先模擬聽眾的心。預先思考你可能會遇到的問題，和聽眾可能的疑慮。所以在心法聽眾為王中，我有預設一格是請你填寫下聽眾的疑慮。而在你的簡報過程中，就可以藉由不斷回答聽眾的疑慮中，讓你想講的東西漸漸浮現。

168

一樣使用2W1H架構，假設你今天要做一個企劃案，但是個大家都沒做過的案子，你可以先思考許多問題，並在前面加一個會議主題，接著這樣鋪陳：

> **主題：今天我們要做一份預估能賺150萬的企劃**
> **WHY：可能大家會好奇150萬的計算方法**
> **WHAT：這邊是我們蒐集到的資料與分析**
> **HOW：所以我們決定的做法是……**

講完這個之後，可以繼續往後鋪陳：

> **WHY：大家可能會問，我們真的做得到嗎？**
> **WHAT：我蒐集了過去我們執行的企劃案例，發現……**
> **HOW：所以我們只要在……修正，就可以實現**

如果你還有很多問題，你還可以這樣繼續：

WHY：這邊還有一個問題，就是我們的時間分配
WHAT：在時間分配上，我參考了各組目前的案量和時間表……
HOW：這邊提出一個不會讓大家多加班的方案是……

當然，以上這個情境只是一個舉例，主要是當你先把問題準備好了，並在對方提出前就先化解掉，讓對方感受到你的思考足夠全面，也能夠有效的建立信任度。但如果做了這些準備，對方還是依然提出問題，那該怎麼辦呢？

這時候我建議先調整心態，畢竟很多人一旦被質疑或是被挑戰的瞬間，都會先擺出防禦姿態。其實我自己也會，以前在會議上被問到一些我沒想清楚的狀況時，我都會很努力的解釋。但其實在這個過程中重要的不是自己的解釋，而是**先聽對方要說什麼**。

尤其很多時候會對你的東西提出問題的，通常都是老闆或主管。這時候我都會奉勸大家，要想想誰才是最終負責任的人，誰才是有能力決定執行方向的人。如果這個人是老闆，那麼自己的東西好不好，或是個人主觀的想法是什麼其實都不太重要，照著老闆所說的去做就好了，當執行上遇到真正的問題或狀況時，再來做討論。

或許你會說，明明都知道這樣做不會成功了，那為什麼還要做啊？簡單來說，有時候我們在公司的角色可能不只有解決問題，還要思考自己是上層意識的延伸，即便我們都知道有些事情不可為，但也不需要跟老闆和主管在會議上爭執，畢竟有時候他們看的不一定是事情成不成，而是他們的

169

看法能不能被實現。

這篇主要最想跟大家說的只有兩個字：接受。簡報者都是從利他出發，希望用一段時間，改變對方的認知與促成效果。但是，如果對方有他自己的想法和看法，其實我們不用急著和對方戰鬥。

以我當講師來說，有些台下的同學可能認為我講的部分跟他認知的有些出入，於是會對我的內容提出質疑。在我剛當講師的時候，總會很認真的跟對方說明我的看法、查到的資料、等等。但我後來發現，當下我的角色就是在台上的講師，如果我和對方辯論或爭執，其實是把自己的身分降低。

有一次，我在講溝通講座時，有個媽媽站起來跟我分享她的看法。我的做法是讓她說完，並且幫她做個簡單的摘要和回饋，然後請現場的朋友鼓掌謝謝她。這聽起來有點鄉愿，但有趣的事發生了，接下來她不再打斷我，結束後還來跟我討論，得到了很棒的交流。

後來我發現，當你在分享一件事情，如果有人有些不同的看法，有時候可能只是很想讓大家看見而已。這時候要做的就是上面說的「接受」，並找到對方發言中有建設性的部分做摘要，最後說聲感謝。

而如果你真的完全不想被打斷，我建議你在一開始就設定一個不被打斷的前提。例如你可以說，因為你的東西有一個連貫的邏輯和思緒，如果大家真的有疑問或不明白的地方，歡迎大家先筆記起來，我們在後面QA時間處理。

複習一下，在遇到問題前，可以先預測出問題。而如果不想被打斷，可

以在開頭先說明前提。而遇到挑戰性問題的時候，最重要的事情其實就是接受。

畢竟聽眾的提問永遠不是你的敵人，我們自己因為不夠好所採取的解釋、防禦與攻擊，才是自己最大的敵人啊！

面對挑戰性提問

準備 | 如果可以，先去找聽眾確認方向

接受 | 就算他有惡意，也不急著生氣

推遲 | 先說好最後一併回答

171

PART

2

做出一份入心的
忘形流簡報

LESSON

6

忘形流簡報概念

01
忘形流是什麼？

我們終於把一般常見的簡報搞定了，接著介紹我發展出來的《忘形流簡報》。大家很常問，忘形流到底跟一般的簡報有什麼不同？忘形流又跟懶人包有什麼不一樣呢？

先說說忘形流是怎麼來的，其實如果你看了第四課的圖像設計內容，就知道忘形是個很不會做投影片的人。我沒有很好的美感和設計能力，所以我以前在做報告的時候，光是找模板就花費很多時間。直到有一次，我看到機場的指示後，我發現其實只要用簡單的ICON，就能讓人馬上理解意思，甚至不用知道下面的文字是什麼意義。

我開始思考，能不能用這個方案來做我的簡報。如果每一張投影片都是一句話配一張圖，再搭配故事的話，應該會很像繪本一樣，蠻有趣的吧！於是忘形流的雛形就這樣誕生了。

忘形流就是一句話配一張圖，沒有絢麗的配色，只有故事和想要給對方的啟發。但要記得，忘形流的使用場景通常都在網路上，因為我當時在設計的時候，是考慮人們使用網路時的一些通則。如果你想用忘形流來演講、報告，甚至做提案，可能會被主管老闆客戶討厭吧。

以這樣的概念來看，你就能理解忘形流與其他簡報的不同。在一般的簡報中，我們需要有大量的資訊和作者的解析，所以每一頁的資訊會很多。好處當然是能夠讓聽眾吸收資訊，而壞處就是放在網路上乏人問津，因為缺乏講解的重點，自然難吸引網路的讀者。

而解決這個問題的方案是懶人包，我也常常被問到忘形流跟懶人包的差別。我的看法是，懶人包比較偏向濃縮資訊，而我是賦予情感。在一份懶人包中，有許多被濃縮的資訊和方法，優點是也許一頁就能夠說完許多事，但是比較難放入作者的個人觀點，以及觸動讀者共鳴的故事。

要特別說的是，一般的簡報能夠解決資訊傳輸的問題，而懶人包不但能解決資訊傳輸，更能省下讀者理解和閱讀的時間成本，最後引發行動。如果大家對於懶人包有興趣，非常推薦林長揚老師的書《懶人圖解簡報術》，一定非常有收穫。

我當時在思考忘形流的時候，不是從資訊出發，而是從情感出發。如果你還記得第一堂課說的，簡報除了資訊，更重要的還有情感。希望忘形流能夠讓好的內容打進讀者的心，並且能夠留下印象。因此在教學的時候，我會說忘形流精神有三個：**好觀點、易服用、有共鳴**。

這三個精神分別對應每個人不同的防禦系統。**好觀點**要處理的是聽眾的

「我知道」。有一次我想談人與伴侶的相處不能夠抓太緊，也不能夠全部滿足對方的要求，但如果我只說這兩句話，應該就成為老生常談了。

所以我使用了第二堂邏輯課說的比喻法，我說我和一朵花的相處：

我把花帶離開土壤和太陽，結果沒有幾天，花就枯萎了。後來，我雖然知道要把花留在原地生長，但我卻一直澆水，花同樣也凋零了。這就像是人和伴侶的交往，如果我們把對方帶離本來的生活圈，對方可能會覺得被控制、被剝奪，最後離開我們。而如果我們對對方太好，可能也會讓對方產生依賴，最後認為一切都理所當然。（如果你對這篇有興趣，可以拿手機掃瞄QR CODE看看。）

雖然在這個簡報中，我用了不同的觀點來說一個大家可能都知道的內容，可是這篇簡報的分享和互動數依然非常的高。因為好觀點能夠表達作者的個人風格，以及對於事物的詮釋方式。所以我認為，好的觀點不是把資訊「灌」給對方，或是和對方說道理，而是在對方心中點一把火，讓他擁有新的感受。

易服用則是降低聽眾常常覺得內容很難的防禦系統。在現在的時代中，時間和注意力變成我們非常寶貴的資源，如果你放在網路上的東西，讓對方第一時間認定非常困難，或是覺得好像要花大量時間來閱讀，除非跟對方非常相關，否則對方可能就會考慮略過。

而忘形流就是把資訊變得非常簡單，每一頁簡報都只有一句話配上一張圖，讓大家好像花個三秒就能夠吸收這一頁的重點。加上每一頁內容都和

後面的投影片有連貫性，只要開始看，就會想把它看完，於是大家就在不知不覺中把簡報看完了，其實相當於看了一篇五百字左右的文章。

這個概念我覺得跟夾娃娃機一樣，如果要你花五百元買一個娃娃，你可能買不下手。但如果是夾娃娃機，十元十元慢慢投，因為每次的損失很小，你可能最後會花超過五百元才得到這個娃娃。易服用就是讓讀者每次接受訊息的難度降到最低，像包裹一層糖衣一樣。

最後的概念是**有共鳴**，這也是我在做忘形流最常思考的事情。忘形流簡報之所以用我的外號命名，就在於忘形的前面是「得意」，得意的「意」其實就是「音」和「心」的結合。所以我常說，忘形流就是要忘記簡報的形式，進而得到聽眾心中的聲音，讓每一個人看完之後，都會心有戚戚焉。

所以我認為有共鳴就是要像一面鏡子，反映出聽眾心中的話。例如我有一次介紹一本書《安靜是種超能力》。這本書說的是內向者在外向者當道的社會中遇到的處境，很多內向者都需要偽裝才能夠在職場生活，非常辛苦。我把這個心境寫了下來，沒想到包含這本書的作者Jill大大在看簡報的時候，都不斷點頭說：真的，這就是我遇到的困境。當簡報能反映出聽眾的心，有了共鳴，大家就會願意聽你說。我也認為忘形流是個內向者很好發揮的簡報，因為我們不需要跟很多人面對面，而是細膩的分享心中的感受就能傳達觀念。

這就是忘形流的三個精神，好觀點，易服用，有共鳴。記得，如果你想要向大眾展示專業的時候，不要急著分享你的專業，可以用「這個專業能夠帶給他們什麼新觀點」做為思考的出發點，用簡單易懂的方法讓你的聽眾理解，並且說個有共鳴的故事或情境，讓對方更想繼續聽下去。

忘形流精神

好觀點 | 從不同角度來看事件

易服用 | 降低讀者的接收成本

有共鳴 | 說出讀者身邊的故事

>> 思考題

如果你想要針對一個社會時事作評論，用忘形流的三個精神來做，你會

怎麼樣詮釋呢？

02
好觀點怎麼來

上一篇跟你分享忘形流的三個精神,這節要進一步分享忘形流實作方法。

第一個精神是好觀點,這個概念是希望你能夠用「不同的看法」來詮釋一件事情,這也是我認為忘形流和懶人包最大的不同之處。整理資訊是一個很重要的技能,但如果可以,當資訊加上個人的一些獨特看法和想法,才能夠產生不同的結果。我這邊把方法簡單拆成兩塊:

1 用比喻來解釋

2 用故事來帶入

這兩個方法,看來令人似懂非懂,我們接著舉個例,你就會明白了。

❤ 用比喻來解釋

如果你想說明一個抽象的概念，可以儘量的應用比喻法。比喻法可以是先講一個看似不相關的概念，再回過頭來解釋我們真正想說的概念。

有一篇簡報裡我是這樣說的：

「有個花園主人，大家常去他家賞花，澆澆水，種種花，聊聊花的美麗。但有次有人去花園隨地大小便，亂摘花，破壞環境，還對花園的主人說，我是幫你重新施肥跟改造，你居然不知感激。」

這篇簡報我要說明的概念是社群軟體上的尊重，我常常看到很多人在社群軟體上筆戰爭對錯，甚至辱罵。我疑惑的是為什麼大家總喜歡去別人的地方發表想法。如果我直接說明這個概念，感覺像是說教。於是我先說了一個花園的概念，當你認同這件事情後，再把大家的思考轉移到社群軟體的使用習慣。

我有一個同學秉元，他是塔羅牌老師，他把吃垃圾食物增肥的概念拿來解釋感情。他說很多人明明知道不能再胖下去了，但再次經過鹽酥雞攤的時候，依舊買了一大包，吃完後又充滿著罪惡感，這個無限循環導致自己越來越胖，也很痛苦。

他會說這個概念，是因為很多少女找他算牌，問該不該離開對方，但得到答案後，卻依然留在不好的人身邊。於是他用這個概念解釋一個人遇到不好的另一半，明明知道對方不好，卻捨不得離開，最後自己陷入惡性循環，也讓自己的生活越來越不好。

啊哈！你看，其實我們一開始看到鹽酥雞的故事時，可能不知道他想要說什麼，但後來你就會發現原來這種心理跟離不開不好的另一半一樣啊。比喻，是要從不同的地方找出同樣本質，讓讀者能夠輕鬆明白。當你想要用比喻法說明一個概念時，建議你循著以下三個重點步驟來思考：

1 你要解釋的概念本質是什麼？
2 思考一個完全不同，但本質卻相同的事件。
3 把這兩個事件串聯再一起試試看。

♥ 用故事來帶入

用故事提醒已知的概念，意思是理解了概念之後，拿出一個生活中的例子舉例給對方聽，也是我最常用的方法。

很久以前，我想講一個經濟學概念，叫做沉沒成本不是成本。這聽起來很困難，簡單來說就是不要因為可惜而放掉了更好的可能，但如果我直接這樣敘述，就會變得非常無聊，於是我說了一個故事：

「有一次，我跟女朋友一起去看電影，我三天前就用APP買了兩張中間的位置。但到了要進場的時候，我才知道我買錯地方，我看電影的地方是台北車站，我卻買了信義區的票。我本來想快點騎車趕過去，可是我想等我到達，電影早就開始了，我可能也擠不到中間。」

我感到非常糾結可惜，心中的煩躁揮之不去。這讓我開始思考，是不是人生中有很多這樣的可惜，讓我們無法放下，進而阻止我們的人生變得更

好。最後我引導到「可惜」這件事情其實早就過去了，大家要放下可惜，追求更好的可能。

這篇雖然不是分享數最多的一篇，但是我非常喜歡的一篇。我首先說了一個關於可惜的故事，接著我分享了很多想法，例如很多人在冰箱裡放了很多東西，過期卻捨不得丟，結果吃壞肚子，賠了健康。最後再把話題帶到很多人都讓可惜影響了自己的人生，希望大家不要執著於可惜。

這邊的重點完全不是後面的道理，因為這個道理大家都知道。而是能不能有一個會在你我身邊發生的故事，讓大家可以反思當我們遇到這個情況時，是不是也會做出一樣的事。

這邊再舉一個同學 Apple 的例子，她是一位中醫師，她說了她在門診中遇到的問題。很多家長帶著孩子來，問她為什麼孩子總是特別容易生病？Apple 醫師問診之後才發現，原來爸媽都是外食族，帶著孩子吃了很多不好的食物。甚至常常熬夜，也讓孩子有樣學樣。

接著 Apple 醫師用了比喻法，她說：孩子其實就像一幅畫，大人怎麼樣上色，孩子就會成為怎麼樣的畫。所以孩子的體質並不是靠醫生調整，而是靠著生活習慣和飲食均衡來調整。希望大家要陪伴孩子一起成長。

這篇簡報得到了很多迴響，透過故事和比喻，很多父母發現自己忽略孩子需要更多營養和正常睡眠時間，開始反思自己的生活習慣和教養情況。但如果這篇簡報直接說孩子的習慣都是由大人養成的，請各位父母要好好照顧小孩，就會少了很多力道。

183

　　藉由故事的細節跟鋪陳，能夠讓大家慢慢進入故事中，從而理解感受到你要傳達的概念。如果要用故事法，你可以思考這幾個點：

1 你想要呼籲大家什麼觀念？
2 思考一個符合大眾經驗的故事
3 對這個故事發表看法，並思考要給大家的行動

　　也許你有發現，這兩個概念都不是馬上就切入說教和做法，而是先用具體的比喻，或是充滿情節的故事來影響聽眾。在這個過程中先讓聽眾好奇，並且達到同步。等到他們開始感興趣後，我們才開始分享我們的想法看法與作法。

184

　　當你理解這兩個方案後，就算你不是使用忘形流簡報，也可以在生活中試試看，漸漸的你會發現比起道理和解釋，故事和具體的比喻能更快的讓聽眾專注，並且打開你與對方之間的通道。

好觀點的兩個思考

比喻

用相同原理的比喻
讓讀者能夠眼睛一亮

故事

用大眾身邊的故事
讓他發現原來道理就在身邊

>> 思考題

1 你有沒有想要說的一個概念與行動。

2 用一個比喻來說明。

3 想一個故事讓聽眾進入情境。

03
為什麼需要易服用

這 一節，我想跟你分享易服用的概念，我都說忘形流簡報要有一層糖衣，這層糖衣可以穿過阻礙，讓大家更願意吃下去。首先，我們來聊聊人們在接收資訊時常常展開的防禦系統。

很多人問我，忘形流為什麼一定要一句話配一張圖啊？我說這是為了配合目前使用的臉書，並且破除聽眾的防禦系統。也許你不是很明白，那麼我們來思考一下你使用各種社群軟體的時間吧！

打開臉書後，你期待在一篇貼文中停留多久呢？一般人的期待值大概是一分鐘以內，那麼如果你看到了一篇好幾百字的貼文，是不是很容易就會跳過它，想著晚點再來看呢？但是更常發生的是，我們晚點就找不到這篇文了。而如果是理念的傳播或是行銷宣傳有五百字呢？大部分人滑過去後，希望再也不要看見它。

但換個方式，如果你今天打開部落格，是不是即便一千字的文章，你也願意看完？你發現了，就算是相同的文，在不同平台，我們留給它們的時間不同。不光是文章，影片也是。臉書影片如果有五分鐘，很多人都看不完，但如果是Youtube，十分鐘其實只是剛剛好。

其實，我們每次打開不同APP軟體，都有著不同的期待。如果我只有三分鐘空檔，我通常會選擇打開Line、臉書、IG。但如果我有五分鐘，也許我會打開Youtube，或是看看之前存在Evernote的文章。說了這麼多，就是要跟你說，我們要儘量繞過聽眾的防禦系統，讓他以為我們要給他的資訊並不多。

我很喜歡玩夾娃娃機，常常失手噴錢。因為如果要我花三百元買一隻娃娃我是買不下手的。但如果把三百元變成三十個十元，一次投十元的感覺其實不痛不癢，於是我就會失心瘋下去，回過神來才發現自己投了這麼多錢。既然交了學費，我就把這個概念應用在忘形流的簡報裡，讓你每一頁都只有一點點資訊，感覺負擔很少。

以忘形常做的規格來說，一份簡報四十二張，每張大概有十五至三十個字不等，認真算起來大概就能拼湊一篇五百字以上的文章。因為一頁我只提供一個資訊，每一頁都能夠讓讀者在五秒內理解，並且往下一頁前進，所以讀者就會不知不覺把整份簡報看完，並且記得你要說的每一個重點。

以上說的都是第一個防禦系統，叫做沒時間。其實讀者並不是真的沒時間，而是他不願意只把時間都放在你身上。所以當你的資訊看起來必須花費他大量時間或精力時，通常都會被讀者略過。你可以理解時間的概念，至於精力就要談到讀者的第二個防禦系統。

　　我有一些職業是醫師的學生，在和一般民眾衛教時，常會先從病名開始說起，接著說好發於什麼情況、症狀有哪些、發病的原因有什麼。後來，他們漸漸發現，當他們解說的時候民眾其實都不太專心，最後卻又常問他們已經講過的內容，他們感到很苦惱，卻又不知道哪裡該改進。

　　還記得第二課提到的減法（見80頁）嗎，因為醫師說的內容具備太多專業了，但一般民眾需要的衛教並不是理解病名，而是理解這個病的嚴重性，和自己的關聯性，還有該怎麼樣預防。所以其實只要說幾個症狀、可以的做法，還有一定要來看醫生，基本上對這些人就非常夠用了。

　　這也是多數人傳達自己的專業時的盲點，我們往往害怕講得不夠多，不夠深入，但事實是一般人根本消化不良。中國有個很傳神的概念叫做「乾貨」，也就是滿滿濃縮的知識，但其實一般人並沒有這麼多的水可以把它泡開。不要說別人，我自己上課的時候也常常會卡住，我對於自己要講的概念和技巧當然倒背如流，但常忘記同學也需要消化，於是就會發生我講得很明白，大家卻聽得很模糊的狀況。

　　如果你跟我一樣，只是不小心講得太深或太難，都是好解決的情況。我最害怕的是一定要賣弄知識的人。很多人常在文章中充斥著專有名詞、理論知識和思路。可能他們會覺得這樣既專業又厲害，但就一般人看文章的狀態來說，都不是要把一篇文章當成文獻來讀，於是即使明明寫了很多內容，卻沒什麼點閱率或互動。

　　有趣的是，很多專業人士常常覺得這個世界不懂欣賞，或是覺得明明自己才是真正懂的人，為什麼沒有人願意聽自己說？其實我也真的覺得這些朋友才是真的懂的人，但他們往往有個盲點，認為其他人也要跟他懂得一

188

樣多才可以。

但人根本不可能什麼都懂，所以才需要專業分工。我們不需要懂得寫程式也能使用電腦，不用懂得做晶片也可以用手機。既然每項專業都是為了實用而服務，我們也就不需要跟對方賣弄知識了。

呼應之前在簡報小聚上聽泛科學總編輯國威哥說，越是追求知識的邊界，越有可能無法與一般大眾對話。與其抨擊一些人講得不專業，或是網紅說錯話，不如學學他們的內容為什麼能夠被傳播。

技巧後面再提，在這裡我想分享訊息傳遞上的兩個重點。一個是慢慢給對方，讓對方不要看到就被嚇跑。另一個則是只給他需要的部分，讓他馬上了解利害關係或如何行動。舉例來說，之前和王誠一醫師一起討論有關衛教的簡報時，我們就是使用了這個模式。

由於載體是忘形流，所以這邊談的是如何只給對方需要的部分。我跟誠一醫師討論，我們不是要把民眾訓練成醫師，而是讓大家都能提高警覺。所以衛教簡報中完全沒有講到流感的病毒、判定、快篩的方法等等。我們只用最簡單的敘述，告訴大家流感很可怕，不要輕忽流感症狀，以及施打疫苗利大於弊。

這篇簡報也有好幾百個分享數，就知識傳播來說，可能不算好，但以一個衛教的文章來說效果算非常的好。因為民眾不需要理解冗長的流感知識，只要知道發燒趕緊就診，並且快帶長輩孩子去打疫苗。這個概念就像第三課說的「江湖術士教我的簡報法」，給出一個痛點，並讓大家發起行動。

189

而易服用這個心法,主要是提醒大家如果讀者或聽眾連資訊都拒絕接收,甚至無法理解,那麼你的資訊再多再厲害也是無效的。我一直很喜歡以前五洲製藥的廣告台詞:先講求不傷身體,再講求效果。在現在的世界裡也是,先講求對方有興趣,願意聽你講下去,才慢慢給出你的知識環節。並在最後給出一個重要的行動,即便他忘了前面的資訊,只要記得做什麼就好。

易服用的兩個思考

只說需要

只說明對方需要理解的點
大幅降低溝通難度

放慢速度

資訊慢慢給出
讓對方有時間可以吸收

>> 思考題

你的專業中有沒有一個非常難懂的東西?你要如何利用易服用的兩個方案,讓對方慢慢的了解,並且在如何行動呢?

04
有共鳴的條件

了解好觀點與易服用之後，忘形流的最後一個精神是有共鳴。

不知道你有沒有遇過一種情況，就是看著別人說他的事情，但你覺得好像就是在說你一樣，遇到的事情相似，而且感受和想法更是幾乎一模一樣。於是你聽完了之後，你會想說：真的，我懂這種感覺。

這種感覺，就是共鳴。藉由相似甚至相同的經驗和感受，喚起每一個人心中的情緒。為什麼要有情緒呢，因為情緒能夠讓對方更好的聽你說話。我一直相信人同時具備兩種你很熟悉的模式，那就是感性和理性。

我認為理性偏向比較與挑剔的系統，你可以先想想身邊有沒有這樣的人，他們看電影總會思考哪段其實不合邏輯，又或是哪段的劇情編排不合理。明明看的可能是娛樂片，但他總是考究很多。又或是去買個東西，總

要比較哪一個的CP值高，就算只省一塊錢，也斤斤計較。

這並不是說理性的人不好，處在理性狀態下的我們都是這樣的，上面所說的其實就是我平常會做的事情。然而，對幾塊錢斤斤計較的我，也很可能在經過街頭藝人的時候投下一百元，因為我被那當下的情境給吸引，或是他剛好唱了一首我特別有感覺的歌，或是我覺得他與觀眾的互動很棒。

無論如何，都是因為他引起了我的共鳴，也就是我的感性系統。所以你大概發現了，當你需要比較或是除錯的時候，理性的系統會幫助你買到最便宜的東西，或是找到文章中的錯字。

感性系統則通常來自於你對一件事情有感覺，問題來了，感覺這件事情很難量化，該怎麼使用在簡報上呢？我後來思考，感覺到底是什麼，我發現感覺來自於經驗。

我常覺得小朋友膽子都很大。因為當他們還沒有探索這個世界的經驗時，他們沒有辦法理解火可能會燒傷他，站在高處可能會摔傷。但當他們慢慢的跟這個世界產生連結後，他們就會對生活有了更多感覺和判斷。

舉例來說，一個沒有談戀愛和分手經驗的人，你跟他談分手這件事，他可能是聽不懂的。又或是說一個還沒有當爸媽的人，是很難體會做父母的那種複雜感受。就像當我的兄弟小虎老師兒子出生後，他整個人都充滿光輝，即便他為了照顧嬰兒充滿疲憊，但他在講課的時候只要一講到兒子，表情就充滿著愛。

如果有人跟他談到育兒的相同經驗，例如寶寶終於睡過夜的那種如釋重

負感等等，他都會說得非常愉快。所以，共鳴這件事情來自於一種相同經驗的連結，而對方會在這樣的連結之後覺得你懂他。

這是忘形流最想傳達的理念，忘形的前面是得意，得意的意就是音跟心的結合，我希望能夠透過忘記所有形式上的束縛，得到讀者心中的聲音。也就是說，我們要走進讀者的生活中。

我在教學的時候發現，能夠馬上把忘形流做得很有共鳴的人，通常都是他們在生活中有許多的感觸，並且他們有意識地把那些經歷記錄下來。而記錄的重點是這樣的，不要以為自己寫的是無關緊要的東西，每一個生活經驗都存在著有共鳴的人。

舉例來說，有一次上課的時候，有位服務業的同學分享，說服務業有時候很忙，事情處理不完還遇到奧客，真的很煩。接著他說了一個在便利商店上班，中午尖峰時段大家都要用微波爐，結果有人沒消費卻要借微波爐被拒絕，卻向分區經理投訴的故事。

193

雖然他講得很像是抱怨，但因為他說出明明不是消費者，我們為什麼要好聲好氣的這段，打到非常多人的共鳴點。於是大家就開始分享自己面對的客戶經驗。因為大家都對於不是客戶，卻要求服務的這件事情超級有共鳴，所以當天帶出了很多和客戶相處的故事。

引起共鳴很容易，只要你能夠從生命故事中找一個能夠引起你情緒的事件，尤其是人與人相處的過程，就很容易找到能讓別人和你一起共鳴的點。而如果能夠把負面情緒轉化為正面的行動，那就更棒了。

例如在這本書交稿的這幾天，我的髮型設計師大培過世了，我當時非常非常難過，除了在我的臉書寫下跟他的過往外，還寫了一篇有關離別的簡報。也許很多人不認識他，但大家卻都有一樣的感觸。

很開心的是，很多人和我分享他曾經遇到的離別，甚至有剛送別阿嬤的。也有許多人跟我說謝謝，因為看到這份簡報才跟誰通了電話。原來我的這些負面能量能有這樣的正面行動，看完這些，我更謝謝每一位讀者。

這邊提一位我覺得超會用共鳴的歐陽立中老師。他常常都能夠從生活中找到超棒的點，例如只是一個傳說對決的遊戲，他就能夠寫成一篇被大家瘋狂分享的文章。因為他解釋了遊戲為什麼讓人上癮，他描繪的場景正是我們無法離開遊戲的關鍵。而最後他發起了一個戒掉遊戲的行動，就是剛剛說的正面行動。

194

回到物理學的解釋，共鳴時就是頻率一致而已。因此，我認為能夠讓我們有共鳴的，並不是什麼高大上的東西，而是我們認真生活，認真感受過的軌跡。當時大家說我變成網紅的時候，其實我非常納悶，因為我只是把我的生活變成簡報，希望能夠把我從生命中學到的經驗分享給大家。

忘形流的共鳴，來自於每一個人獨特卻又能被理解的生命體驗。當你不知道什麼樣才是共鳴的時候，不妨試著說說那些影響你生命的故事，也許你會發現，原來讓你開心，難過，甚至憤怒的那些事，也能夠牽動著你身旁人的情緒。

有共鳴的兩個思考

感性事件

能夠引起情緒的事件

衝突和負面情緒更有感染力

共同經驗

不只是你的獨特經驗

而是生活中每個人都會遇到

195

05
如何開始忘形流

 後要分享的，是怎麼樣找到自己的主題。忘形流簡報最困難的是使用時機，很多同學常常不知道什麼時候可以使用忘形流。

　　回到發想忘形流的初衷，是做出線上繪本的概念，讓讀者像是透過翻頁與簡報對話，進而傳遞我們想要說的內容和情緒。所以說，忘形流簡報適合用在哪呢？我認為就是說故事，藉由說故事的過程，讓讀者和我們一同經歷，一同思考，最後回到反思或是行動。

　　我自己最適合使用忘形流的情況，就是分享一個觀點，分享一個經歷，分享一本好書等等。就算分享的點很少，但卻能承載滿滿的情緒，讓讀者看完後願意傳播出去，甚至願意和你對話，分享他的經歷等等。

　　忘形流很像一個文章的變體。如果你有一篇寫得不錯的文章，將裡面的

元素拆分開來後，重組成忘形流，通常都能夠收穫更好的效果（可能有更多的讚和分享）。

　　我平常的練習方法是，每天遇到一件事的時候，想想其中的意義、觀點、行動。舉例來說，有一次我在高鐵上，遇到一位阿姨坐到我的位子，跟她對票後，發現她買的其實是下一車次，但是後來請她去坐自由座的時候，我們發生了小小的不愉快。

　　她覺得我年輕人幹嘛不去自由座，我則是認為她看錯時間，應該是要為自己的選擇負責。後來她居然說，書讀這麼多，都讀到哪裡去？當下的我其實非常憤怒。這個事件讓我想到了很多人總覺得自己是弱勢，但態度卻比誰都還強勢。所以我想到了一個觀點，我們都是樂於讓座的人，但請不要覺得自己理所當然的需要被讓坐。最後我發起的行動就是，請大家還是要讓位給需要的人，不要因為這些惡人放棄了良善，更不要讓自己變成這樣的人。

197

　　這篇簡報將近兩萬人分享，後來還上了新聞，被記者訪問。這是簡報影響力的開端。我也相信用感性和故事的力量，有時候會比說一個道理來得重要。因此對於忘形流來說，重要的是你怎麼樣從生活中感受，找到一個大家都覺得困擾的點，並說出你的想法，發起一個行動。

　　那麼忘形流被分享的關鍵究竟是什麼呢？我想是能不能夠喚起讀者對於這件事情的情緒，坦白說，這件事情難以透過書本教你。記得有一次去上好友那個奧客的《文字煉金術》，他說要寫出東西，重要的是你的生活。他講了一句詩人陸游的名言：汝果欲學詩，功夫在詩外。

簡報這件事情又何嘗不是呢？尤其以忘形流簡報來說，我常說我們要傳遞的不是資訊，而是傳遞某一個我們深信不疑的強大信念。但這個信念不是透過上課或看書培養，而是來自於你的人生經歷。

這邊要特別提一下超厲害的科學X博士，他每一個禮拜用忘形流簡報跟大家分享他的一個觀點，有一次他分享了一篇《最穩定的工作》，用老虎跳火圈的方式來比喻穩定的工作可能需要你更多的犧牲。

這個深刻的體悟最後被分享了一萬多次。他也將作品也放在Youtube呈現，也有累積許多瀏覽次數。順帶一提，如果你善用投影片錄製，或是現在很多快速把圖片變成影片的軟體，就能用很短的時間完成影片。對我這種不太會做影片的人來說根本就是救星。

198

每次科學X博士都說感謝我，但更需要感謝的是我。他幫我證明了其實不是只有張忘形的忘形流能被傳播，重要的是透過簡報這個載體來傳遞心中的信念，這才是重要的事。希望你也能夠從身邊的生活中，發掘那些會引起你情緒的事，並且好好的記錄起來，和我們一同分享。

忘形流的重點是表達觀點，以及產生人的「情感驅動力」，所以我們透過故事、提問、引導讓對方有些感覺。如果你不是要在網路上傳播，記得講完了這些概念後，還要給予對方能夠行動的步驟和方法，才能夠讓對方能真正的改變。

最後分享一張表格，提供你記錄參考，下一課我們就要正式進入忘形流的製作了，歡迎你先準備好你的生活故事：

事件	最近讓你觸發情緒的事件：＿＿＿＿＿
記憶	在事件中什麼點最印象深刻：＿＿＿＿＿
細節	當下的場景、人物、對話：＿＿＿＿＿
情感	這份簡報中，你想傳達的情緒是什麼：＿＿＿＿＿
啟發	你從這個事件中學到什麼：＿＿＿＿＿
思考	為什麼你學到了這件事情（思考脈絡）：＿＿＿＿＿

忘形流組成架構

01
忘形流元素與組合

這 堂課我們終於要來完成忘形流了。忘形流沒有太難的技術層面，畢竟我當時做忘形流的目的，是希望把所有的形式變得最簡單，只重視傳遞情感和觀點。

以大家最常看到的忘形流印象，應該就是長這個樣子：

嗨，我是忘形

202

　　這一頁簡報非常好懂，但充其量就是一句話配一張圖罷了，可見得忘形流如果只有單張，其實根本一點用也沒有。忘形流的概念是借鑑於繪本，藉由前後連貫的故事，讓讀者理解你的觀點，進而傳遞情感甚至理念。

　　這部分的好處在上一部份的易服用有提到，當讀者能夠一次只接受一點點資訊時，他會更願意讀完這個資訊。所以在忘形流中，連貫性是很重要的，如果能夠讓整體的故事和觀點一氣呵成，讀者會在不知不覺中看完，並且吸收你想傳遞的訊息。

　　你也會發現忘形流只有黑白兩色，這麼設計主要是因為顏色也會引起讀者的不同情緒，黑色和白色不但對比強烈，而且引起的情緒較少，所以我常說雖然我的簡報非黑即白，但我傳遞的都是人生的灰度。

　　至於要如何資訊傳遞呢？我的方法就是白頁和黑頁的轉換。在一句話配一張圖時，我就先設定了每一個人閱讀時，會將眼睛聚焦在正中央的圖示，接著才開始閱讀文字。但變成了黑色頁面時，不但刺激忽然轉換了，而且文字就在中間，再搭配上我常用的金句概念，就很容易讓大家吸收了。

畫面運用

簡單 ▎一句話配一張圖，資訊極少

黑白 ▎運用黑白對比，簡單又清楚

黑頁 ▎能用來說金句，結論或轉場

　　所以整體來說，忘形流的概念非常非常好懂，我把它們分成畫面和架構兩大部分。

 畫面

1️⃣ **整體感**

　　這與我在第四課說過的一致。由於我用的圖示叫做扁平化圖示（ICON），雖然都是不同作者，但是因為簡報類型的關係，非常容易選到相似的圖

像。加上ICON不會有太強烈的顏色對比和複雜的組成，不會讓你用來搭配的時候覺得卡卡的。

簡單來說，ICON沒有太多個性，以調味料來比喻，就像是胡椒、糖或鹽，只要不要使用過量，怎麼搭配都很不錯。而且由於忘形流簡報中都幾乎用一句話配一張圖的方法呈現，肯定不會有太多資訊的雜亂感。

這個概念也適用於一般簡報，如何讓讀者或聽眾看著你的簡報覺得舒服很重要。忘形流簡報中沒有太多版型，嚴格來說大概只有四種：標題、內文、黑頁、結尾。

2 設定刺激

我剛開始做忘形流簡報的時候，基本上就只有一句話配一張圖。當這個故事大概講到第二十頁，連我自己都看得不太耐煩了。這是因為讀者的專注力是有限的，當你一直給他一樣的刺激時，最後就沒感覺了。

就像一樣再好吃的東西，每天吃也是會膩的，所以我做忘形流簡報時常常會用黑頁來轉換刺激。當大家本來看著圖的時候，忽然跳出一張黑頁，讀者馬上就會重新提起精神，認為這頁的資訊是重點。

就算是一般簡報，我也建議大家在文字為主的投影片中安排不同的圖片、影片甚至是問答的互動，讓聽眾轉換刺激，提高注意力。就像在忘形流的黑頁中，我常常會用提問或金句來做總結，或是說出此時的心境。

這最大的好處就是有一種劇情換場換幕的效果，能夠用來分隔故事和道理。而我常用一些對話和內心戲，讓讀者產生被了解的感覺，這就是對話

感，我們會在後面詳細說明。

👉 架構

當畫面做出了一致性和設定不同的刺激後，我們要做的下一件事情是想出簡報的架構。其實忘形流的組成非常簡單，大概可以用四個英文字母來搞定，分別是：Q（提問）、P（觀點）、S（故事）、A（行動），這四個元素經過不同排列組合，就是忘形流的基本架構。

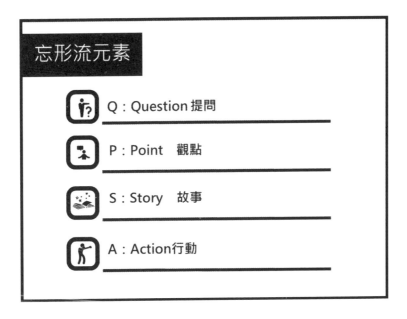

忘形流元素

Q：Question 提問

P：Point　觀點

S：Story　故事

A：Action行動

1 第一種架構是PQA模式，這最簡單的架構。

P：先說一個重要的點

Q：用提問帶出想法

A：提供行動方案

舉例來說，之前發過的一篇豬瘟簡報就是這個模式：

P：豬瘟很重要

Q：為什麼豬瘟與我們很相關

A：我們該怎麼樣避免

這個模式可以很簡單的利用在任何你想分享的資訊上，從觀點到知識，甚至是一本書的心得都可以使用這個方案。唯一要記得的是，在使用忘形流時，觀點不要太多，否則很容易失焦，反而不會讓讀者記得。

2 第二種QSPA模式，是我從上課中領悟到的。

因為有很多同學常常在上課問問題，加上我發現用問題開場可以有效引導學員思考，所以這個模式是這樣的：

Q：用問題來聚焦

S：打破認知的轉折故事

P：導出觀點

A：引導行動

舉例來說，這是我曾經做過的一個談溝通的簡報：

Q：**同學問怎麼分析人**
S：**我在分析遇到的經驗**
P：**其實我們不該去分析**
A：**真正的去感受對方**

這個模式主要是設定讀者心中的疑惑，透過一個故事來打破讀者的期待，最終引導到你要說的點，並且讓對方留下行動的連結點。

③ **第三種架構SPA，是我最常用的架構模式。**

S：**說一個故事／情境**
P：**這個故事帶給我的思考與啟發**
A：**思考後，我們該有的行動方案**

207

舉例來說，這是我很喜歡的「可惜」簡報：

S：**我與女友看電影的故事**
P：**可惜常常阻礙我們的人生**
A：**把人生留給更好的可能**

為什麼我很常用這個模式呢，因為其實人非常喜歡聽故事，而如果你說的故事能夠符合他的生活情境，那麼後面說的道理和概念就會很容易被對方接受。

這也包含了用比喻來說的故事，像是我非常喜歡的一朵花的故事，也同樣是這個方法：

S：**一朵花的故事**
P：**關係要親密，就要尊重**
A：**讓彼此能夠自在**

這一節主要先讓大家理解忘形流的概念，我們下一節開始來進行架構的實作。

02
開門見山的PQA方法

P：先說一個重要的點

Q：用提問帶出想法

A：提供行動方案

開門見山的PQA簡報方法，就是提出一個重點，接著說明清楚的過程，因此適合用於知識分享，觀點論述，甚至政令宣導。有點像是前面說過的「1.2.3」架構，不過由於是線性的簡報，我們談的資訊會再少一些。

還記得我們提到的簡報心法嗎？我們從「以終為始」開始思考，你會希望最終對方看完後，記下什麼重點？或是發起什麼行動呢？我們應該從聽眾最終發起行動的角度為出發點規劃，回推簡報的組成。

　　舉例來說，忘形實在太胖了，所以我決定要做一個減肥的簡報。我先思考我最終要做的事情：我想要發起一個一起挑戰戒含糖飲料的行動。於是，我的重點就不會放在各種的減肥法或是肥胖的定義上，而是怎麼樣讓大家避免糖分。所以簡報裡面我會針對糖做很多說明，而不是肥胖。

　　接著思考第二個心法「聽眾為王」，我們可以思考聽眾可能會有的疑慮。以這篇簡報來說，我的切入點是大家可能會問「少喝飲料真的有差嗎？」或你也可以換個問句：「多喝一杯飲料，對身體到底有什麼影響？」

　　我們用「以終為始，聽眾為王」的概念思考完之後，現在將思考結果填入PQA的三個點，分別會是：

P：飲料讓我們不知不覺的變胖

Q：少喝飲料真的差很多嗎？

A：代替飲料的方法

　　最後的步驟就是「知己知彼」了，我這邊給出一個思考範圍限制，也就是我常用的PQA思考架構。跟一般簡報的架構一樣，這是一個線性的九宮格，建議你可以用便利貼來編排（見下頁）。

```
┌──────┐   ┌──────┐   ┌──────┐
│ 回應 │───│ 聽眾 │───│ 行動 │
│ 資訊 │   │ 利益 │   │ 方案 │
└──┬───┘   └──────┘   └──┬───┘
   │                     │
┌──┴───┐   ┌──────┐   ┌──┴───┐
│ 提問 │   │ PQA  │   │ 整理 │
│ 引導 │   │ 方法 │   │ 資訊 │
└──┬───┘   └──────┘   └──┬───┘
   │                     │
┌──┴───┐   ┌──────┐   ┌──┴───┐
│ 接續 │───│ 前言 │   │ 金句 │
│ 主題 │   │ 鋪陳 │   │ 總結 │
└──────┘   └──────┘   └──────┘
```

　　大家可以根據這個表，把幾個你要說的點填上去，並且加上幾句話的敘述。

　　首先我們要提個前言。前言通常是讓你想講的話題能夠引導到提問，篇幅不需要很多。我自己的習慣是用我觀察到的現象，所以我會這樣鋪陳：

👉 **前言鋪陳**

→大家都知道，太多糖分對身體不好

→可是每次出門，都看到很多飲料店

→當天氣很熱，總會買一杯來解渴

👉 接續主題

→但其實，飲料是讓我們不知不覺變胖的主因

所以這邊你會看見，在前言的鋪陳中主要是先使用對話切入，並且同理大家都想喝飲料的心態，再接到主題。這也是我常用的打破認知，也就是用一個負面的結論，讓對方忽然注意到。

我們用前言把主題引導出來之後，就可以接上問題和資訊了。（因為這邊的問題已經決定了，所以我們接著往後思考資訊。）我想讓讀者了解飲料的影響，所以我會給予這些資訊：

👉 提問引導

→不喝飲料，到底差多少呢？

👉 回應資訊

→一杯珍珠奶茶，大概是一個便當的熱量

→就算是無糖，也有500大卡

→但裡面只有糖跟澱粉，可能還有化學加工

→熱量很高，卻沒有太多營養價值

當對方理解喝飲料只是徒增熱量，沒有獲得足夠的營養時，我們可以更

進一步讓聽眾明白這件事與他的關聯。這是最重要的部分，可以多敘述一些，讓對方有感覺。

👉 聽眾利益

→當然，喝飲料是一件很開心的事

→但每天喝一杯，一年可能胖10公斤以上

→而且每天花費50元，一年就多了快兩萬

→不但花錢變胖，還可能傷身

→糖分攝取過多，會造成身體很多狀況

→可能會造成身體疲倦，口乾舌燥

→還可能成為糖尿病的高風險群

→奶精還可能含有反式脂肪，造成三高

213

好，到這邊已經給了讀者很多資訊和利益了，在第五課有提到，在資料量和時間的壓縮中，我們可以用一個結論來結束前面的所有資訊，就像漏斗一樣。要特別注意的是，結論不是為了總結，而是為了和行動的連結。建議大家可以用一個問句來表達，連結到後面的行動，我大概會這麼做：

👉 設定結論

→所以雖然飲料看似沒什麼，但卻是阻礙健康的大殺手。

→當大家明白喝糖的壞處後，那麼我們該怎麼做呢？

有了結論，記得一定要引導到行動方案，讓讀者有一些立即可行的方式可以實作，這也關係到這一篇簡報會不會被分享，通常有做法的簡報，都容易被分享。最後記得，當行動方案太多的時候，可以幫讀者整理一下，大家也知道我非常喜歡「三」，所以我會這樣處理：

👉 行動方案

→首先，慎選我們喝的飲料

→無糖不代表健康，奶精跟珍珠還是有高熱量

→大家都知道多喝水很好，但水沒有味道

→這邊提供大家兩個簡單的方法

→一個是買發泡錠來喝

→不但有味道，而且也可以補充養分

→另一個是自己做蜂蜜水

→買一罐蜂蜜泡來喝，簡單又方便

→如果有時間，還可以做成蜂蜜檸檬

→這些的營養成分都比飲料高

→而且對身體的傷害非常的低

→所以，最後提供給大家三個方案

→多喝水，發泡錠，蜂蜜檸檬

最後到了金句總結，只要能夠連結回你的主題和行動，金句清楚簡單即可。當然，**你也可以參考上一課中金句使用方法，我這邊講的概念後面會說到，大家也可以猜猜是甚麼樣的方法。**而我自己的習慣，通常會放二到三張金句總結頁，加深大家的印象，我會這麼放：

👉 金句總結

→喝飲料不只傷荷包，還會讓你的身體變差又變胖。

→用自製飲料來代替，不但省錢還能變健康

→現在就放下飲料，一起來變健康吧

其實這個金句也不怎麼樣對吧？沒錯，只要能夠讓讀者明白你要說的事情就好，不用太耗心力去想出特別難的句子。當我們填完這些格子，也產生出好幾句話的敘述，之後呢？其實只要搭配上圖片，就立刻能夠成為忘形流簡報了，很簡單吧！

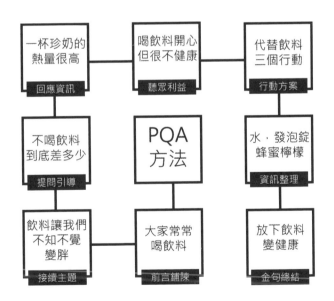

我想和大家說，忘形流絕對不是個強調圖片和版面設計的簡報方法，但非常需要大家去想簡報的架構有哪些。

所以我提供了這個九宮格，總共有八個步驟，希望能夠幫助你慢慢的做出你想論述的模樣。而如果你覺得這八個步驟真的太困難，你可以只記下PQA就好。分別是：**說出你的重點，解釋你的原因，說明你的行動方案**。

期待看到你用PQA完成你自己的忘形流，好好說出一個你覺得重要的事。在下一節中，我會跟大家分享打破固有認知的問題故事QSPA法，希望給你更多的思考。

>> 思考題

練習用下面的PQA方法九宮格，一步步完成你的忘形流簡報。

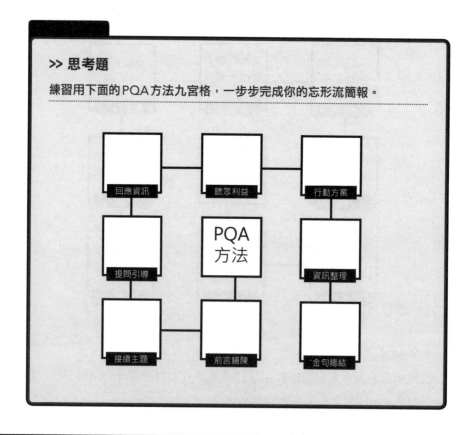

03
打破認知的QSPA方法

Q：提出一個讀者關心的疑問

S ：用一個故事來回應

PA：提出觀點，並引導出行動方案

這節跟你分享無論是文章或簡報都超好用的QSPA方案。在使用QSPA的簡報中，主要的切入點是問題能不能打到你的讀者。如果你常常看網路上的文章，你會發現很多文章的開頭都是問句，例如：

「有一天，一位同學問我……」

「有一次在診所裡，患者提了一個疑問」

「大家常常問一個問題，就是……」

我們的思考還是一樣，先回到簡報三心法的「以終為始」，你希望聽眾

在看完這份簡報後,回頭思考什麼?或是做出什麼行動呢?藉由這樣的思考,回推一開始要提出的問題。

舉例來說,假設我想要推廣育聖老師的一本新書,也希望讀者在看完簡報後,開始反思老闆和員工的角色互動。所以我一開始要設定的問題,就是老闆和員工的差異點,同時,我也思考聽眾究竟會是誰呢?

如果我想從員工下手,那麼我可能要多寫一些老闆其實為員工做了很多。但仔細想想,很多員工會覺得這是理所當然的。而如果從老闆的角度下手,就可能要把老闆的苦寫出來,但很可能就會有一些員工會說:不爽不要開公司啊。

順便一提,如果你每次做簡報都跟我一樣陷入兩難的情況,那就代表我們兩邊都想討好。但其實兩邊都想討好是非常困難的,因為當立場不同,你要著重的重點就不一樣,你最終還是得做選擇。而因為我認為這本書還是老闆的心聲,所以我想說說老闆的心裡話,但嘗試用員工的角度來連結。填上我的QSPA大項目:

Q:老闆是不是過得很爽

S:一個老闆的故事

P:看起來爽,但其實壓力最大

A:在有限度的情況下,互相體諒

最後的步驟就是知己知彼的限制了,九宮格會長成這樣:

```
┌──────────┐  ┌──────────┐  ┌──────────┐
│ After/好 │  │  提出    │  │  兩相    │
│  故事    │──│  觀點    │──│  對比    │
└──────────┘  └──────────┘  └──────────┘
      │                           │
┌──────────┐  ┌──────────┐  ┌──────────┐
│ Before/壞│  │  QSP/A   │  │  金句    │
│  故事    │  │  方法    │  │  總結    │
└──────────┘  └──────────┘  └──────────┘
      │             │             │
┌──────────┐  ┌──────────┐  ┌──────────┐
│  故事    │  │  鋪陳    │  │  發起    │
│  回應    │──│  疑問    │  │  行動    │
└──────────┘  └──────────┘  └──────────┘
```

一樣依據這個表，把我的想法放上去，我想講老闆的故事，但還是一樣要先鋪陳，我的概念是這樣：

 **鋪陳疑問**

→工作後，很難得跟朋友出來吃飯聊天

→但有趣的是，聊天常變成抱怨大會

→尤其最常聽到的，就是抱怨老闆很壞

→大家都說老闆只要出一張嘴，爽爽過。但老闆真的過得這麼爽嗎？

你可能會發現，我花了很長的篇幅在鋪陳這個問題，因為情境中的細節很重要，當你想起每次跟朋友出來好像都真的在抱怨工作時，你就會願意繼續看下去。

219

　　接著我們要說故事，在公式中，你可以選擇一個壞、一個好的故事來說明，也可以選擇Before ／ After的概念來說明。這邊我選了一個老闆的故事，並用偏Before ／ After的概念，藉由成為老闆的前後，來讓大家有感覺。我先提一個朋友在成為老闆前的模樣，故事是這樣的：

👉 故事回應＋Before

→有個朋友，工作時也覺得老闆很爽

→於是他開始思考，他也想自己創業

→最後，他決定要賣手機的周邊商品

→只要叫幾個員工來顧店就好

→而他希望自己是一個照顧員工的好老闆

→所以起薪給得不錯，也不用打卡

→很快的，他找到了兩個員工

→店面也找到了，貨物上架就開始營業

　　這邊就把這個老闆的Before交代完成，讓讀者對他有基本的認識。接著After的故事通常要有轉折和衝突，才能夠讓讀者有打破認知的感覺，我們把故事接著說下去：

→開幕後兩天，發生了小小的問題

→其中一個員工嫌無聊，兩天就離職了

→因為不必打卡，另一個員工常常遲到

→他不太開心，但也沒多說什麼

→第一個月結束了，業績看起來很不錯

→但實際扣除成本後，幾乎等於虧錢

→他決定更認真的節省成本，於是他開始建立制度

→首先，他決定讓員工上下班打卡

→但施行的第一天，員工還是遲到

→他跟對方説，遲到真的會扣薪水

→員工非常生氣，就立刻離職了

→他覺得非常無奈，不過是要對方不要遲到罷了

→接下來的好幾天，他只能自己顧店

→他發現，他花了更多的時間和心力

→卻賺得比當時上班還少

→最後，他認賠把店收了。上班之後，他才知道當員工的好。

到這邊差不多了，我們把這個朋友從工作到老闆的心聲講了一圈。所以接著要提出我們想說的觀點，並且把老闆和員工的處境拿來對比一次：

👉 提出觀點

→原來很多制度，都有他的道理

→而老闆的很多決定，都有原因

→老闆，也不是真的想當一個壞人

→他的決定，不能只想到個人。因為每個決定，都關係公司生存。

👉 兩相對比

→所以，雖然每個員工都有辛苦之處

→但我們都還能夠三不五時的抱怨一下

→也都擁有很多選擇的自由

→因為老闆不能對著員工抱怨，也不可能拋下公司，選擇走人

→當然，這並不是要說老闆都是對的

→而是希望大家都能夠體諒彼此

→理解每個角色，都有他的難處

→當公司倒了，我們可以換一間。但對老闆來說，可能什麼都沒了。

👉 金句總結

→雖然，老闆總不能盡如我們意，但感謝他們讓我們安身立命。

　　最後的發起行動，由於是要幫育聖老師打書，希望聽眾發起的行動，是想讓讀者如果有感，能夠買書回家讀一讀。所以就把書名直接放上去了。

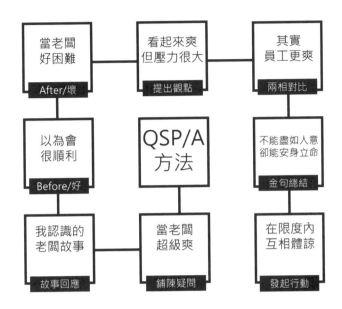

　　這篇其實之前就在FB上PO過了，如果大家有興趣的話，可以拿手機掃描右方的QR CODE觀看，當作範例，大家可以從提問開始，慢慢的說明一個有前後對比，或是兩相比較的故事後，才提出觀點，讓聽眾更好理解。

>> 思考題

把空白的QSPA九宮格與八個步驟留給你，試著照上面的方法實現，期
待看見你的作品。

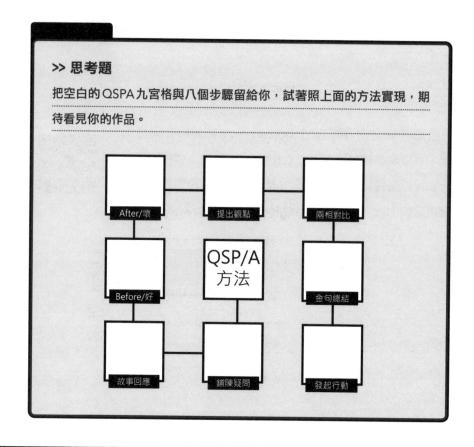

04
用簡報說故事的 SPA 方法

S：Story，一個故事引導

P：Point，你的內心想法

A：Action，聽眾該發起的行動

最後一個架構，是忘形流最常用的方法，也是我最喜歡的故事體。這個方案就是 SPA，就像是說一個故事後，讀者好像做了 SPA 一樣。

記得在王永福福哥的《上台的技術》裡面提到過，我們要先舉例，再講道理。只要能夠先讓聽眾走進故事中，我們就能用具體化的方法讓讀者理解。因此在這個簡報方式中，主要的切入點是那個故事能不能夠產生讀者的共鳴，當讀者與這樣的情境有所共鳴時，他才能夠將自己帶入情境，並且透過你的引導改變認知，最後發起行動。

　　舉例來說，假設我想講一個概念是經濟學裡面「沉沒成本不是成本」，這聽起來超難的對吧。同樣的，回到簡報的第一心法「以終為始」，我們要先思考最終的目標是什麼？其實我的概念是希望呼籲大家，不要因為可惜，放棄了更好的選擇。

　　接著「聽眾為王」，我思考的是大家都有的情境。接著我發現身邊的人都有這樣的狀況，常常怕浪費，怕可惜，反而造成自己更大的困擾。所以我要做的就是說出這些在我們身邊都發生過的事情，讓大家有共鳴。

　　所以我要的故事會是這樣的：

S：一個關於可惜的故事

P：可惜常常阻礙我們的人生

A：不要讓人生因為可惜而失去更多

　　最後的「知己知彼」，一樣是一個用九宮格組成的公式：

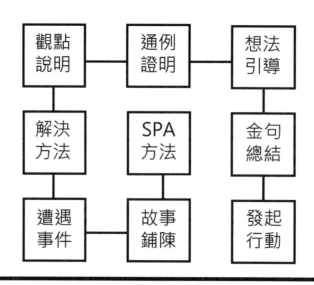

226

　　我們依然根據這個表，把我們想要說的內容慢慢的填滿。首先我填的故事是有一次我跟女朋友（我都叫她女神）去看電影的故事，我的故事是這樣鋪陳的：

♡ 故事鋪陳

→有一次看電影，我預先買了票

→那是最好的中間位置

→我跟女神拿著飲料，排隊入場

　　我已經交代了整個故事的場景和細節，而故事如果要精彩，就必須有衝突。衝突就是壞事、壞人，也就是讓主角遭遇危機的是情緒。如果大家想要得到更多說故事的概念，下一節中有更深入的說明。我們直接進入故事的衝突：

👉 遭遇事件

→而入口的服務人員擋住了我，她說

→先生，你們這張票不是我們這裡，是我們電影院的另一個分院

→天啊，我買錯票了

→我當下傻眼，思考該怎麼辦

　　事件發生了，就要開始想想如何解決，於是我跟女神開始討論解決的方法：

👉 解決方法

→我家女神跟我說，買下一場吧

→我心想這怎麼可以，這麼好的位子

→不如馬上騎車去吧，晚一點到還好

→然後我被女神打了一下，她說

→等我們去，電影早開始了

→電影開始了，你怎麼擠到最中間？

→前面沒看，你後面怎麼看得懂？

→而且趕時間你一定騎車超快

→我忽然清醒，認賠買了下一場票

→我覺得這兩張票，好可惜

我最後雖然認賠重新買了下一場票，但我還是一直心繫著這兩張票，所以我在此引出一個觀點：「可惜」常常左右我們的人生。而這個概念需要有更多證明，所以我把觀點和通例放在一起，更能加深讀者的感受。

👉 觀點說明

→忽然，我有個念頭：可惜，常常左右我們的人生

→有些人冰箱放了很多的過期品

→他們總想著丟了也是可惜

→結果吃壞了肚子，賠了健康

→而有些人有一些新的工作機會

→但他們總覺得舊工作辭了可惜

→於是他們不斷抱怨，也只剩抱怨

→而有些人，一直覺得身邊的人不好

→但想到分手，就覺得可惜

→將就著，也就失去許多時光

在我們加深了這麼多的感受和印象後，就能夠進到想法的引導。我會用一些結論和比喻來說說這個情況，讓讀者更能理解我想傳達的觀點：

👉 想法引導

→他們覺得可惜，可是他們的人生，也好可惜

→我們的生命就像是一個容器

→只能裝滿有限的東西

→當我們用可惜填滿自己的人生

→我們就永遠無法裝進更好的東西

→我們都知道那不是最好的，只是無法放下那份執著

→那些過去也許曾經美好

→但現在對我們而言毫無意義

→但如果我們只是糾結在過去

→我們就失去了人生的空間

→也就失去更好的可能

好的，我們把整個想法的引導都說完了之後，終於讓讀者明白不要拿未來的時間緬懷可惜，而是要讓未來的可能發生。所以這邊我們就可以用金句來做總結和結論了。

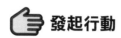 金句總結

→可惜不是珍惜，因為可有可無的存在沒有意義
→千萬別讓現在的可惜，變成人生未來的嘆息

　　說完金句後，我希望大家發起一些行動，但這裡主要是希望改變大家的認知，而不是真正的可以做什麼事，所以最後結論我是這樣下的：

👉 發起行動

→把人生留給更好的可能，而不是阻礙你的可惜。

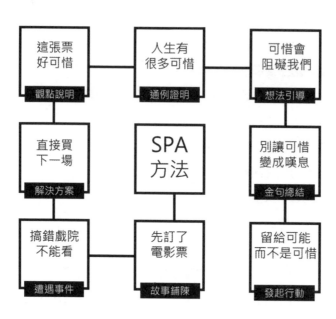

如果你還有更多的想法和概念要說，例如我一開始說的經濟學沉沒成本概念，你就可以接著說下去。這個概念其實是我最常用的忘形流概念，透過說故事和想法引導，讓每一個觀點都能夠有更好的呈現。

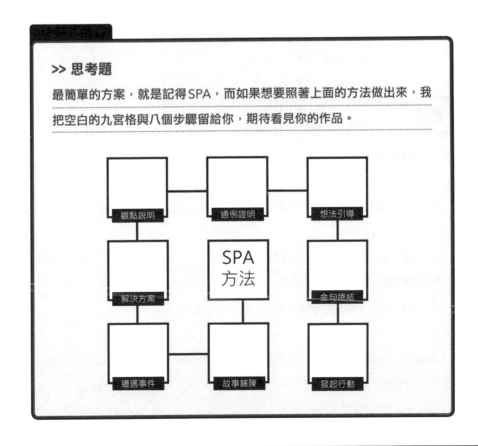

>> 思考題

最簡單的方案，就是記得SPA，而如果想要照著上面的方法做出來，我把空白的九宮格與八個步驟留給你，期待看見你的作品。

05
架構之外的比喻故事

最後一節跟你分享比喻的概念，也是我覺得忘形流中最重要的核心之一。如果你能夠用一個比喻讓對方好懂，那麼講解這個概念會比只給資訊更容易。

例如這一篇是想講伴侶關係的比喻，它的架構是上一篇的SPA：

S：Story，**我遇到不同朵花的故事**
P：Point，**情侶之間的相處**
A：Action，**讓彼此擁有空間**

大家可以先對照SPA九宮格來思考整體的概念。這篇故事不是真實事件，而是一個類比，而後面的想法就是將這個類比概念和真實事件連結起來。

　　當我在做這個故事的時候，我覺得很像寓言故事，也就是用一個故事來影響大家對於某件事情的看法。在這種模式下，最重要的其實是你的比喻故事是不是能夠和你想要說的點深刻連結。而我認為這個東西很難用教的，只能是理解這樣的概念，接著大量的練習。

　　這邊舉個同學的例子，是蕭俊傑博士的《最穩定的工作》簡報。他也是用SPA概念，解釋起來就會是：

S：Story，**一隻老虎為了穩定，只能跳火圈**
P：Point，**真正的穩定，是追求更好的自己**
A：Action，**別讓假的穩定，消耗你的一生**

　　這篇簡報擁有一萬次分享數，除了引起許多人的共鳴，我想也是因為這個老虎跳火圈的比喻讓我們覺得太過真實。每個人都在說穩定的現在，是不是代表著把我們關在一個地方，只能做相同的事呢？

233

　　另外，比喻的概念不只有在SPA的概念模式下才能使用，你也可以用在QSPA的概念中，像是Apple醫師的《想幫孩子改變體質，不可不知的重要概念》，分解之後就是：

Q：Question，**我的孩子體質不好，怎麼辦？**
S：Story，**孩子的體質就像是畫布**
P：Point，**父母怎麼做，決定孩子的體質**
A：Action，**以身作則，跟著孩子一起調整體質**

　　Apple 醫師以很傳神的角度，把孩子比喻成乾淨的畫布。當我們的習慣很好，進而影響孩子的時候，就幫孩子塗上了美麗的色彩。但如果我們的習慣不好，讓孩子有樣學樣時，就讓孩子的畫布塗上了髒污。

　　所以你會發現，比喻的概念就是為了體貼聽眾，讓聽眾可以秒懂，並且可以直接取代故事，讓聽眾藉由比喻更容易明白某一個觀點。雖然比喻的概念非常簡單，我一說你就能夠明白，但真的要能夠運用是要花很多時間的。

　　尤其最難的是，你提出的比喻要讓每個聽眾可以馬上明白，最好的方法就是提出生活中大家能夠立刻理解的事物和原理。這邊提供一個練習方法，歡迎大家參考看看：

1 拆分你要說的觀點、概念，寫下關鍵字
2 把這個概念思考成過程，以及結果
3 找到一個過程和結果極其相似的事物

　　舉例來說，我有一次想講社群媒體中的尊重。於是我開始思考這有哪些關鍵字。我想到的是「很多人，聊天，領域，爭執，對立」等等。接著我開始思考當中的過程和結果。我發現是很多人喜歡跑去對方的領域吵架，最後導致

對立。在這個瞬間，我也想到很多因為領地糾紛而吵架的鄰居，於是我就想到用花園來比喻社群軟體，架構組成是這樣的：

　　→社群軟體上的帳號：每個人都有一個花園

　　→很多人喜歡去別人那邊罵人：有人會到人家花園大小便

　　→不要去別人的領域對罵：尊重花園的主人

　　掌握這個方法，你就能夠不斷的練習，例如我認為溝通要先理解對方，調整到和對方一致的模式，才會有好的成效，所以我想到的就是收音機：

　　→溝通需要先理解對方：知道對方的電台頻道

　　→調整到那個頻率：收音機調整頻道

　　→有效溝通，必須先調頻：不知道對方頻道的時候，只會聽到雜訊

　　比喻法大家都多少會用到，只是不一定是有意識的使用。我給自己的練習是，每天不管遇到什麼事，我都會努力的用當下旁邊的某樣東西來講解。例如我有一次被同學考試，愛情跟火車到底有什麼關係？

　　我沉思了一下說，愛情就像火車一樣，只要知道目的地，就算這班過了，總會有下一班來的，沒想到這個居然變成了同學晚上的IG動態。

比喻故事

分析觀點	記下想說的事，分析關鍵字
拆分元素	思考這個事情的過程與結果
尋找比喻	找到和這件事相似的比喻

>> 思考題

1 找一個你想說的觀點或概念。

2 分解出他的過程和結果。

3 用一個隨處可見的事物來比喻。

LESSON

8

做出你的忘形流簡報

01
圖該怎麼選

238

上　一堂課講完了忘形流所有架構，不知道你有沒有頭暈？我們可以暫且放下邏輯，研究圖像該怎麼達成。

有一次我在速食店聽到隔壁看起來像是大學生的幾位朋友在聊天。我也沒什麼在意，但我發現他們的電腦螢幕上秀的是我的粉絲專頁，我實在是太好奇了，所以就聽聽他們在說些什麼。

原來他們要做一些概念的說明，希望把他們的服務呈現得更簡單易懂，所以他們在研究我的忘形流簡報。接著我聽到了一句讓我好想跟他們相認的話：

「可是要做忘形流要會設計，這些圖感覺要畫很久！」

天啊，誤會大了，其實我的圖都是從圖庫裡面找出來的，不是我自己畫的啦！

之前某台記者還在新聞說我是插畫師，我差點沒有吐血。在這跟大家先澄清，所有忘形流的圖都不是我畫的，只要你知道資源，並且理解找圖的邏輯，你也可以輕鬆的使用這些圖庫的圖。

我常用的圖有很多種說法，有些人把它叫做扁平化圖示，我則習慣稱它ICON，這樣的圖示有很多好處。第一是它沒什麼個性，風格又一致，非常容易使用。第二是非常直覺，只要加上簡單的說明，我們馬上能理解意思。第三是搜尋很方便，圖庫中基本上都能找到你要的圖案。

我自己最常用的圖庫是Nounproject，只要在網頁搜尋引擎中搜尋，第一個結果就一定是他們家網站。進去之後會有一些註冊的流程，就不多贅述。這圖庫很佛心，就算不付費，你也可以免費使用，不過因為仍有原作者的CC授權，顏色不能選擇，以及下載的步驟比較麻煩。

239

很多朋友會說，能不能用免費版本的，再把作者的簽名蓋掉呢？雖然很多人都這麼做，甚至我也曾經這樣做過，但我非常不建議。首先是我認為每個作者做這些圖像都不是為了佛心，而是希望能獲得一些收入。那麼既然沒有付費，我想我們就照規則走，也比較不會有法律糾紛。

其實使用圖庫一年的費用不到一千五百元，如果你有大量的簡報需求，或是喜歡忘形流簡報的朋友，推薦大家可以購買。記得，如果要付費，一次購買一年比較划算，單次購買的話，大概一套忘形流簡報做下來就可以用一個月了，而按月付十二個月算下來大概是年繳的三倍。

　　此外，這個網站是全英文的網站，所以大家在使用的時候記得要用英文搜尋。如果英文不好的話，就像我一樣，一邊開著翻譯網頁一邊搜尋吧！而如果你是想先用免費試用的朋友，我先提供一個流程圖給你參考。

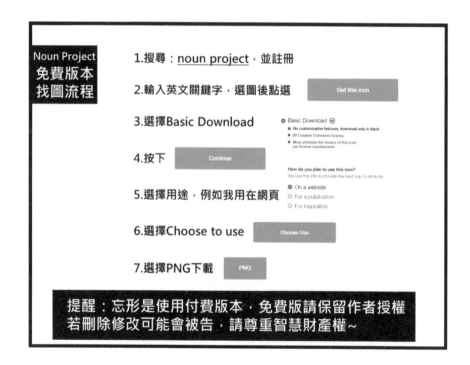

　　在搜尋圖案的方法上，我提供五個向度給大家參考，分別是：

1 物品

2 表情

3 動作

4 狀態

5 對話思考框

我們一張一張圖來跟你分享：

這張時鐘圖就是物品這一類，大家覺得這個圖可以講出哪些事呢？有人可能會想到現在七點，或是我每天很早上班，甚至還聽過有人說我等人等了很久，也可以用這張圖。所以，圖示並不是最重要的事，你怎麼詮釋上面的圖案才重要。

七點鐘的時候、
我每天一大早就要上班、
等人等好久
……

241

接著是表情，這張表情很直覺的代表開心，你會想怎麼放呢？假設你想說今天天氣真好，或是吃到什麼好東西，看了一本好書等等，都可以用這張圖來表示。所以如果真的不知道要用什麼圖的話，表情圖是非常萬用的。

天氣很好、
覺得開心、
看了一部好電影
……

接著是動作，來看看下方這張圖。這張圖可以說些什麼呢？你可以說今天加班好累，或是我真的覺得好失望，甚至你也能說今天喝完酒，吐得一蹋糊塗。

加班好累、

生病了不舒服、

這件事令我失望

……

接著是狀態，狀態是什麼意思呢？我通常會把它解釋成某種很難表達的意識，例如：

這是我非常常用的一張圖，是一個人拿著愛心。這個圖案跟動作不同的是，它比較屬於感性的，但又不一定有表情，通常用愛心表達是我最常用的。

而當如果你真的想不出來該怎麼辦的時候，利用對話或是思考框類型的圖案也能達成目的，例如：

所以你會慢慢發現，一張圖有很多的詮釋方法，我們來出個題目試試看：如果你想要闡述今天真的過得很糟，用剛剛講到的五個向度，你找到哪些圖呢？（這題沒有正確答案）

243

我找的是這些圖：

物品

動作

表情

狀態

對話思考框

當然，也許你會發現有些圖很適合，有些可能沒這麼適合。例如可能你就看不懂啤酒是在幹嘛，所以我就會用文字敘述來增強，例如我會說：今天真是很糟的一天，要喝一杯才會心情好。

再度強調，重要的可能並不是圖，而是你怎麼詮釋這個圖。我們再來練習一次，如果要說這是一個很可怕的事，那麼你會怎麼說呢？

物品 	動作 	表情 
狀態 	對話思考框 	

選圖其實非常容易，重要的是，你選的圖能不能夠帶領讀者進入當下的情境。大家可以先思考你要說的這句話裡面，要帶給讀者什麼感覺，之後再開始選圖。我會建議大家先把文字都打上了之後再來選圖，當你把你的整個簡報故事軸完成的時候，也許你的心中就會浮現出畫面，此時上圖也就變得更容易了。

總之，選圖的重點就是讓讀者能夠感受到那個當下，如果你能夠反映出讀者看到這段文字腦袋所浮現的畫面，你的簡報就一定能夠感動他們！

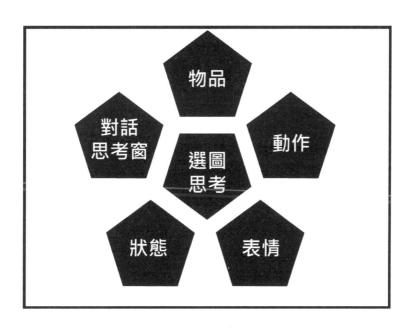

02
怎麼寫個故事

形流簡報裡的很大成分其實是故事，到底要如何說一個好故事呢？

我先說一個自己發生的事情，有個學員要回母校分享，希望我可以幫他順一下演講的內容。因為他第一次回去學校分享的時候效果很不好，所以希望能夠提升。他的內容是這樣：

「大家真的要好好利用學校的時光，他在學校的時候就是很認真的念書，也很認真的玩社團，出社會後靠著學校累積的東西找到現在的工作，很幸運的又被主管看到，所以才有幸回來分享。接著他很認真的分享他的工作方法，要怎麼樣進入外商等等。」

他問我，為什麼大家的反應不好呢？

如果我們試著將這個內容中的故事用「勇者鬥惡龍」來表達，大概是這樣的：

1 我是個勇者，我很認真
2 我有次拿到了屠龍刀
3 然後我就砍死了惡龍，回家

嗯……大概就是說主角好棒棒吧，難怪對大家的吸引力不太高。

要怎麼樣來架構出故事呢？用最簡單的三幕劇來說，就是**第一階段的鋪陳和任務，第二階段的危機與轉機，與第三階段的進化及結局。**當你要講一個故事的時候，用這樣的方法最為容易。這故事大概是這樣的：

👉 第一階段

鋪陳→有一天，勇者的老婆被惡龍抓走了
任務→勇者要往惡龍山前進，要把老婆救回來，途中遇到很多艱難

👉 第二階段

危機→經過一番戰鬥後，終於和惡龍正面對決，但勇者被惡龍攻擊，奄奄一息，被路過的獵人救回村子。
轉折→獵人的爸爸是村中長老，他告訴勇者其實有把屠龍刀。

 第三階段

進化→勇者拿到屠龍刀，發現惡龍的弱點。
結局→與惡龍展開最終戰鬥，贏得戰鬥，救回老婆。

　　這故事聽起來滿扯的，但其實這就是一般故事和英雄片常用的鋪陳，第一階段告訴你該知道的前言，第二階段讓你跟主角一起遭遇困難，第三階段提供解決方案。

　　所以我和這位學員一起找到他的挫折故事，並且編排了一下，最後變成這樣：

248

1 我其實在學校就是個普通人，但卻交不太到朋友。直到我進入社團後，才發現一起完成活動，會交到很多很棒的朋友，其中跟朋友做過最蠢的事情是……

2 辦活動的過程中，總有很多失敗，我最失敗的一次是……。這時我心灰意冷，找以前曾經回來分享的學長聊，才發現自己用錯了方法，例如拉贊助的時候……

3 所以不管是社團還是工作，找到對方的需求是最重要的事，而且也要讓對方知道跟你合作有什麼好處，所以大家找工作的時候，記得你履歷上的每一件事情都要和你的工作內容有關……

　　因為重新穿插進很多他個人的小故事，聽說第二次分享很順利也很精采。他本人很訝異的說，我以為這都是一些沒什麼的事情啊！為什麼他們會這麼買單呢？回到簡報心法「聽眾為王」，當聽眾還沒有準備好時，我們要用很多鋪陳讓聽眾慢慢走到我們的世界中，所以我常常跟同學分享，忘

形流的精髓就是那些看起來是廢話的東西。因為在講故事的過程中，讀者會跟著你一起思考問題，並且感受到你的困難。

理解故事的組成之後，你可以思考簡報裡的這三件事情：

☐1 一個讓聽眾有興趣，或不產生抗拒的鋪陳
☐2 一個讓聽眾有共鳴，但很難被解決的困境
☐3 一個讓聽眾有希望，覺得能試試看的結尾

舉例來說，很多人想用簡報來講一個道理，就說努力充實自己這件事好了，你不能一開頭就叫人努力充實自己，對方會覺得在說教，所以我可能會這樣說：

249

☐1 一個不努力的人，過得很爽，覺得認真工作的同事很笨
☐2 忽然有一天公司倒閉了，同事一下就找到了新工作，但他卻找不到
☐3 充實自己不是為了公司，而是為了讓自己到哪都可以生活

雖然字數非常簡短，但你可以大概想像出這個故事的模樣。用故事來鋪陳和說明一件事，遠比說道理和結果來得有用。不過如果像這樣簡短的字數，可能也沒有辦法馬上讓聽眾能有共鳴，所以有了簡單的故事架構後，接著我們要來說說角色的對話。

當故事中有了對話，代入的情境就會加強，例如我把剛剛的那個故事改寫成對話，就會變成這樣：

1 小明是一個認為上班就是上班的人

2 有次，他同事問他要不要一起去上課

3 他說：上班都已經夠煩了，幹嘛還去上課

4 他同事說：說不定上課可以學到讓上班效率更好的方法啊

5 他回答：反正效率變好錢又不會變多，幹嘛這麼累？

　　如果這些對話曾經出現在你的職場經驗中，我想你就會擁有共鳴，這就是角色對話之所以重要的原因。在忘形流簡報中，我大量運用了對話的方法，讓大家跟著我一起聊天。而且在對話中不需要有什麼訣竅，只要你忠實的呈現出當下的對話，並且把重複或不必要的贅字刪除，就可以達到效果。雖然必須要拉長篇幅，但聽眾心中留下來的感受會變多。

　　當你理解對話的重要性後，接著就是畫面的細節了。一個是讓大家能夠使用文字**形容出視覺、聽覺、嗅覺、味覺、觸覺**的五感體驗，另一個則是**形容更多當下的畫面**，舉個例子你可能就明白了：

　　有一位牙醫師同學在做簡報的時候，想說「小孩子很怕看牙醫」，但這句話可能不會讓我們感受到恐懼。後來他改說，孩子很害怕看牙醫，一聽到機器滋滋的聲音，他們就死命抓住大門，不敢進來。

　　這個就是畫面和細節的差異了，如果你也害怕看牙醫，腦袋可能就會想起那個滋滋的聲音，若搭配牙科器具的圖片，我也覺得頭皮發麻。其後描寫反應，好像我們也和孩子一樣抓住門，有效的在聽眾的心中留下印象。

　　我的故事方法都是跟我的故事師父洪震宇老師學的，洪老師說的概念更多，架構更完整，書中分享的是我覺得比較好利用在忘形流的幾個部分，

也就是上述的故事三幕劇、角色的對話、畫面的細節。就算你不是使用忘形流簡報，只要當你需要說個故事，都是超級好用的方法。

故事三件事

衝突 ┃ 用三幕劇的概念編輯故事

對話 ┃ 用角色對話增添故事可信

畫面 ┃ 描繪細節讓故事身歷其境

251

03
文字的使用模式

我 常常跟同學說，忘形流其實就是用聊天的方式，讓對方輕鬆的接收你想要給予的概念，所以除了前面的故事架構之外，文字怎麼呈現是很重要的。舉例來說，為什麼忘形流常常是好幾句話，而不是簡單的幾個詞，因為有名字、主受詞、連接詞和動詞的簡報，會讓人覺得不只是資訊，而是口述，感覺更有溫度。

在這邊提供幾個忘形流簡報中很好用的方法，同樣的，你也可以應用在平常寫文章的時候，會更容易讓大家願意和你的文章對話。現在我們舉個例子來感受看看：

→有一個醫師
→遇到了討厭的病人
→病人不願意配合

→兩邊都很生氣

→成為醫療糾紛

→兩邊都沒有錯

→只是一場誤會

→有三個重點

→同理心

→安全感

→對話

→理解病人

　　這可能是忘形流的雛形，但其實讀起來的連貫度還差一些，如果我們要改造它，首先讓我們像旁白一樣，講角色時要加入姓名讓他可信，另外使用主受詞，讓聽眾更能有帶入感。我會改成：

253

小美是一位醫師

他遇到了討厭的病人

病人不願意配合她

　　這樣我們是不是就像一個旁白了呢？接著加入一些連接詞，雖然看起來是廢話，卻能夠讓語句的連結感變得更好：

→小美是一位醫師

→有一次，他遇到了討厭的病人

→這個病人很不願意配合她

→結果，兩邊都很生氣

→最後這件事成為了醫療糾紛

→但其實，兩邊都沒有錯

→只是一場誤會，造成這樣的結果

　　講到這邊，不知道你能不能明白，很多口語化的表達如果用在文章和簡報中，不但不會成為廢話，反而會增加親切感。也因為是親切感，所以我們要製造的不是對立，而是在一起的思考。當後面的話鋒一轉，要從故事換成作者與讀者的對話時，我會使用「你」來當主詞：

所以在這邊，我想跟你分享三個重點

　　這種感覺就像是在和讀者對話，在忘形流中，我會大量的使用「你」，讓讀者像是被指定一樣。不過如果是指責和說教，建議就不要用「你」，例如如果要說「很多人都很常犯這樣的錯，所以你一定要細心。」這很容易讓讀者覺得被刺激，除非你本來就想走比較凶悍的路線，否則我會建議將「你」改成「我們」。例如我會說，「很多人都會在這種地方犯錯，所以我們要儘量小心。」這就拉近了與讀者的距離，是「我們」一起小心，而不是「你」小心。所以要告訴對方資訊的時候，可以用我對「你」說，但萬一要指責或是思考一些事情的時候，多用我對「我們」說，是較好的做法。

　　接著，如果可以，儘量把將資訊加上動詞，並多加一些細節，例如後面的幾個關鍵我會改成：

運用同理心，了解對方的難處

製造安全感，讓對方先不害怕

主動和病人對話，拉近距離

　　最後的結語，也建議大家多寫一些細節，我常用的起手式是：「讓我們
（發起行動，得到效果）」。例如：

讓我們理解病人，提升醫病關係，降低醫療糾紛吧

　　所以整體的概念就會改成：

→小美是一位醫師

→有一次，他遇到了討厭的病人

→這個病人很不願意配合她

→結果，兩邊都很生氣

→最後這件事成為了醫療糾紛

→但其實，兩邊都沒有錯

→只是一場誤會，造成這樣的結果

→所以在這邊，我想跟你分享三個重點

→運用同理心，了解對方的難處

→製造安全感，讓對方先不害怕

→主動和病人對話，拉近距離

→讓我們理解病人，提升醫病關係，降低醫療糾紛吧

255

　　雖然加了很多冗言贅字，但卻增加了易讀性和溫度。建議大家，用你的
方式來念一次這些文字，想辦法讓念得通順，再把它變成一句話一句話的
簡報，你可能會發現屬於你的文字模式喔！

文字三件事

像旁白 ┃ 用角色名與主受詞來敘述故事

口語化 ┃ 使用連接或語助詞製造親切感

對話感 ┃ 用你或我們的方法來製造對話

04
金句產生器

我 接觸到金句的時候，是看謝文憲憲哥的《說出影響力》，光是書中寫一句「開頭如剪刀，結尾如棒槌」，這句話就讓我印象非常深刻，一直記到現在。

而我常在結論的時候使用金句，也是借鏡憲哥說的棒槌，讓聽眾好像當頭棒喝，而且能被記得，甚至能被分享。

例如「台上三分鐘，台下十年功」這句話是以前的金句，現在聽來不免有些老梗，但其實只要換個方式就可以讓人更願意分享，所以後來這句話變成：你必須非常努力，才能看起來毫不費力。

你看，同樣的核心精神，只要改造一下，這句話就會更容易被分享傳播。金句之所以為金句，有兩個小技巧：

1 押韻與同音

2 反差與對比

押韻的概念非常好理解，像「台上三分鐘，台下十年功」就運用押韻的字詞。如果覺得不好找到押韻的字，也可以使用同一個字，像是「你必須非常努力，才能看起來毫不費力」，就使用了同一個「力」字來表現。

我有一篇簡報的押韻是「輸贏，不是對話的意義，對話是為了讓彼此的心更靠近」。同字的押韻更是我常用的方式，例如「我們常常在意事情，卻忽略了對方的心情」，或是運用同音字的「別讓現在的可惜，成為未來人生的嘆息。」

押韻需要慢慢培養語感，平時可多閱讀累積詞彙量，總之多練習嘗試是不二法門。

第二個技巧，運用反差和對比讓句子產生衝突感，就比較容易學習了。回到「台上三分鐘，台下十年功」，就是用「上、下」對比，三分鐘與十年的巨大反差來營造。另一句的努力和毫不費力，也是一樣的概念。

那麼反差的句子要怎麼使用呢？我給大家幾個不同的公式來思考，第一個是我最常用也最萬用的公式：「**不是，而是**」。舉例來說，有一句話說「哥抽的不是菸，而是寂寞」，就是用這個句型來設計反差感。

「不是，而是」句型的使用上有一個重大關鍵，就是意義上的轉換。有一位同學在上課時做了很好的舉例：「考試不是為了成績，而是檢視自己的努力」，他把本來的考試，轉化為意義上的努力。當能夠完成這樣的意義轉

換，這句話就能讓人更加有感。

　　就算你不是要講意義上的轉換，你還是可以用「不是，而是」讓聽眾釐清你想說的概念。例如你想要講一個拒絕的概念，你可以說：「拒絕不是攻擊，而是防禦自我的界限。」即便沒有做出意義轉換，也能夠讓你的語意變得更清楚。

　　接著，我們來舉個變形的例子，這句話叫做「**不只是，更是**」。由於這個句型沒有否定，可以就本來的情境再堆疊上去，例如教學時，我們可以說：「我教的不只是知識，更是改變的可能。」

　　另外還有一種變形，你可以用「**不該是，而是**」，講出一個大家常犯的錯誤，藉此句型改變對方的認知，例如：「老師給的不該是正確答案，而是引導的陪伴。」這就是一個打破認知，並且發起行動的過程。

　　再補充一個我非常喜歡的句型：「**沒有，只有**」。我在簡報課時常說：「簡報沒有捷徑，只有不斷練習的努力。」或是在溝通課的時候常說的：「溝通沒有SOP，只有不斷理解對方的心。」都是我非常喜歡的金句模型。

　　接下來分享用在轉折和結論時的金句模型。前者是假設型提問，句形是「**如果…是不是……？**」來看看這個例子吧，假設我要說一個同理心的概念，我會這樣說：「如果我們能夠體諒彼此的難處，是不是就能夠消弭許多的衝突？」

　　講完這句話，我就能很自然的談起轉折後的作法和心境了。這是因為我假設出一個情境，讓聽眾能夠藉由這樣的情境假設一起思考，並且引導聽

眾繼續往下走，跟著你的思路前進。

另外一個是在簡報中很好用的結論句，這個句形是「**一切…，都是為了…**」。當你不知道結尾該放什麼的時候，用這個句型就能夠連結到聽眾的行動，或是行動的意義上。舉例來說，我的簡報課程結語可以說：「一切簡報的目的，都是為了讓聽眾變得更好。」或是你講了公司的一個服務後，你也可以跟你的聽眾說：「我們一切的努力，都是為了讓客戶滿意。」

在這一節，我們分享了很多金句的概念，我最後想說的是，金句的確有影響力，但還是想呼籲大家，如果可以，一定要用前因後果把金句解釋清楚。因為很多人會把金句當成人生的座右銘或執行規則，但如果人生只被一兩句語錄給限制，真的很可惜。

260

例如有一句話說：「我抱起了磚頭，就沒辦法抱起老婆。」這句話雖然會被轉發，被大家討論，但這句話如果沒有前因後果，其實是會讓很多夫妻產生爭執的。所以希望大家在使用金句的時候，除了考慮傳播性，也能夠思考是不是能夠對社會造成正面的影響吧！

嘮叨了一下，最後跟你複習一下幾個句型，也請你思考如何用這些句型來創造你的金句吧！

金句產生器

押韻 ▌如果能押韻，就是好金句

對比 ▌我們用的不只是對比，而是金句

假設 ▌如果用了金句，是不是能讓讀者開心

結論 ▌一切的金句，都是為了記憶

05
忘形流步驟

來 到了最後，一切的準備都是只是為了讓我們完成一份忘形流簡
報，所以最後一節課我想帶著你一步一步的完成，這個步驟是這
樣的：

1 三大心法

2 劇情設計

3 黑幕思考

4 圖片選擇

5 輸出

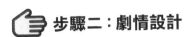 步驟一：三大心法

首先，回到簡報的「**以終為始**」心法，我想請你回答這幾個問題：

1 你想要說什麼樣的主題呢？
2 這個主題，最重要的關鍵是什麼呢？
3 你希望大家看完主題後，發起什麼行動呢？

下一個心法「**聽眾為王**」，一樣要請你回答這幾個問題：

1 你希望誰來看這份簡報，他們生活中發生了哪些事？
2 你的主題能和他們的生活怎麼連結？
3 你想從痛還是夢下手，引起他們的哪些共鳴呢？

最後一個「**知己知彼**」，要請你設定限制，並選擇你喜歡的套路：

1 你的簡報內容是要說明一個點（PQA），回應問題（QSPA），還是用故事改變認知（SPA）？
2 如果聽眾只能記得一件事，你會希望他記得什麼？
3 平台限制：以臉書來說，動態時報內最多只能放42張圖片，相簿則不限。

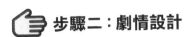 步驟二：劇情設計

可以從前面的忘形流架構中，選擇你喜歡的劇情來實際操作，當然也歡

迎你發展屬於你的劇情。附上前述的流程圖給你參考。

PQA方法流程

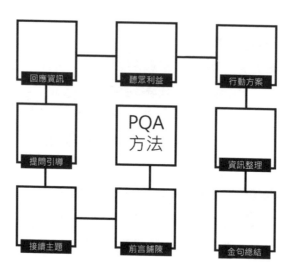

QSPA方法流程

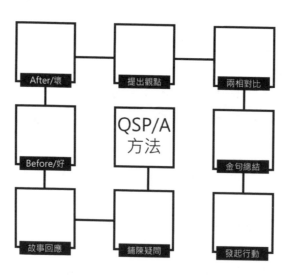

SPA方法流程

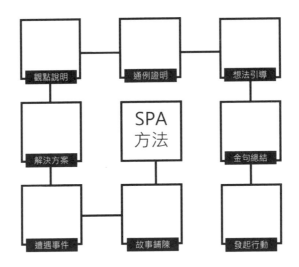

 **第三步驟：黑頁思考**

265

黑頁是為了換幕、做出結論、金句說明。請你思考幾個問題：

1. 我該在那邊做出轉折？
2. 每個轉折該怎麼連結？
3. 結論的金句要如何放置？

 **第四步驟：圖片選擇**

文字都上好了以後，接著就是圖片了，選擇圖片有五個思路：物品、動作、表情、狀態、對話思考窗。記得，你對於圖片的詮釋才是更重要的！

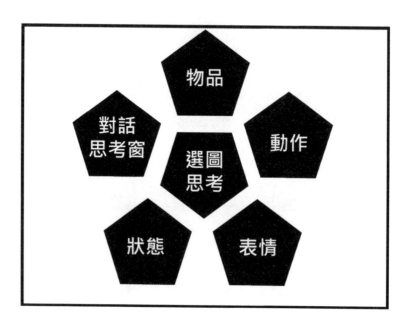

第五步驟：輸出

這邊特別提到「輸出」，很多朋友因為要放在臉書或其他平台，但不知道怎麼輸出成圖片，所以選擇用截圖的方式。而我會建議使用PPT的朋友，可以這樣做：

檔案→另存新檔→檔案格式→PNG→儲存

而如果你是使用蘋果Keynote的朋友，你可以這樣做；

檔案→輸出至→影像→選擇全部→下一步

用這樣的方法你就能夠讓你的圖片一次匯出到一個資料夾了，接著如果

你要用臉書分享，只要直接點選相片，全選你輸出資料夾的就可以一次上傳了。

　　到這裡，忘形流的概念就跟你分享完成了，很開心你的陪伴，希望你也很享受這本書與你的對話時光。

　　期待看到你的作品。

忘形流的初衷

在這本書的最後，我想講點關於自己的事，也就是忘形流的初衷。

老實說，這本書被我塗塗改改了好多次，中間大概刪減了一兩萬字，曾經苦惱字數不夠、節不平均，讓好幾次都想放棄的編輯追著跑，讓身邊的朋友狂催等等。實在是因為我無法接受自己寫出來的東西看起來不怎麼樣，而且擔心如果沒有上課可能會無法理解內容。

但在我家女神看了幾個章節後，她說其實以她沒有上過簡報課，也能夠輕鬆運用其中的很多觀念。而且這些觀念不只是在簡報，也是問題思考的關鍵。她說：「你自己不都說你分享的是你的信念嗎？有人不懂又有什麼關係呢？一定還有很多人能夠因為這本書而受益。」

另一位好友出了兩本有關中醫的書，她跟我說其實她看自己寫的書也覺得很害怕。但卻有很多患者跟她分享這本書給他們的收穫和好處，也因為這樣，她覺得一本書中只要有一兩個概念能夠幫助到一個人，那這本書就非常非常值得了。

所以我最後想分享這本書的兩個目的，第一個就是讓大家不要害怕簡報。

我自己其實就是個很害怕簡報的人，我不太會做投影片，而且常常上台講話都卡卡的。但因為工作的關係，即便簡報不是個容易的事，我仍必須要努力的去提案，去報告。為了解決自己的痛點，我居然找到了一條新的道路，更始料未及的是，我能夠開始教簡報，甚至能夠透過這本書與大家分享我的簡報之道。

　　在上課時，我很開心的是，有許多同學上完課了之後，跟我分享當他們運用架構之後，思考簡報的速度變得更快了。而且利用許多簡單的畫面設計後，整體做投影片的效率也大幅提高。

　　還有同學因此開始愛上簡報，努力鑽研出自己的一條新路。即便她再也沒有用忘形流的呈現方式，但我依然非常非常的開心。因為忘形流的目的並不是讓你只是一句話配一張圖，而是透過這些方法讓你愛上溝通、表達。當你開始發現自己可以掌握簡報，慢慢的有成就感後，你會走出屬於自己的風格。

　　而另外一件事，則是忘形流本來的目的：比起發起行動，更多的其實是讓每一個人得到認同，或是被療癒的感覺。每次介紹忘形流，我都會說忘形的前面是得意，得意的意是音跟心的結合，正因為忘記了所有的形式，才能夠得到你心裡的聲音，而這就是忘形流的初衷。

　　也因為這樣，我常被說是心靈雞湯製造者，或是理想的傳播者，我覺得沒有關係，因為我希望我說的內容不只是知識，更是一部分人的心聲，可能是那些說不出來的話、不知道該怎麼辦的情境、不知道別人懂不懂的故事。

　　忘形流的概念除了資訊和知識外，更重要的是希望傳達「我懂你」的這個

瞬間。我的想法就是，如果可以把我對於這個世界的觀察寫出來，說不定就可以感動別人吧。

因此我沒有幫自己貼什麼標籤，幾乎所有生活發生的大小事都拿來試試看，只是希望藉由不同生活的觀察，讓大家有不同的共鳴。在這樣的情況下，我的粉絲頁人數也慢慢增加，現在居然來到了12萬這個始料未及的數字。

一開始做忘形流的時候，我很在乎我能不能夠有更多的讚，更多的分享。但現在，我開心的都是有人私訊跟我分享從簡報中得到的能量，謝謝我說出他們心聲，還有的人是因為看了哪一篇簡報後，跟女朋友甚至家人和好的。

為什麼要說這件事呢，我想告訴大家，即便大家學會忘形流的表現模式，但重點不是形式，而是在做簡報的出發點。整個簡報的出發點還是為了人，也就是我們說的以人為本。

我相信所有好的簡報者，都具有「以人為本」的核心概念。例如很多投影片的設計師不只是把投影片做得很美，他們更多的時間都在思考如何讓資訊能夠更簡單的被瀏覽。還有很多專業的人員，努力試著稀釋專業，將那些需要研究很久的領域知識，用簡單的方法說給你聽。也有很多分享者，更是用貼近你我的故事，說出他們心中重要的信念。

因此，希望你看完了這本書之後，不是追求自己要有多神或多厲害，而是你也能夠愛上簡報，愛上溝通與表達。並且能夠從聽眾的角度多加思考，究竟我們要怎麼樣才能夠理解對方的聲音，並且用對方懂的概念來和他說明。

如果這本書能夠給你一點點的幫助，那不是因為我很厲害，而是有許多厲害的前輩老師影響了我，以及更重要的，願意與這本書對話的你。謝謝你即便看著這麼多的口語和對話，還是能夠抓到我想傳達的概念、方法，或是找到屬於你的獨到見解。

希望看完這本書後，你除了得到忘形流以外，也能夠找到屬於自己的表達方式。最後想提醒你一個重點，別把焦點放在讓世界聽見你的聲音，而是先傾聽這個世界的聲音，自然就能和這個世界產生共鳴。

期待在溝通的路上，我們一起前進！

忘形流簡報思考術

找到說服邏輯，讓你的價值被看見

作者	張忘形
美術設計	TODAY STUDIO
主編	楊淑媚
校對	張忘形、吳育綺、楊淑媚
行銷企劃	林舜婷

忘形流簡報思考術／張忘形作. -- 初版. -- 臺北市：
時報文化，2019.05　272面；17×23公分　ISBN
978-957-13-7811-4（平裝）　1.簡報 2.思考
494.6　　　　　　　　　　　　　　108006986

總編輯	梁芳春
董事長	趙政岷
出版者	時報文化出版企業股份有限公司
	108019台北市和平西路三段二四〇號七樓
發行專線	（02）2306-6842
讀者服務專線	0800-231-705、（02）2304-7103
讀者服務傳真	（02）2304-6858
郵撥	19344724時報文化出版公司
信箱	10899臺北華江橋郵局第99信箱
時報悅讀網	http://www.readingtimes.com.tw
電子郵件信箱	yoho@readingtimes.com.tw
法律顧問	理律法律事務所　陳長文律師、李念祖律師
印刷	勁達印刷有限公司
初版一刷	2019年5月17日
初版十一刷	2024年4月30日
定價	新台幣360元

時報文化出版公司成立於一九七五年，並於一九九九年股票上櫃公開發行，於二〇〇八年脫離中時
集團非屬旺中，以「尊重智慧與創意的文化事業」為信念。